# 鸭梨黑心病防控新技术

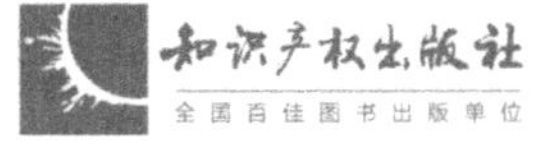

**图书在版编目（CIP）数据**

鸭梨黑心病防控新技术/李健著. —北京：知识产权出版社，2018.8
ISBN 978-7-5130-5705-9

Ⅰ.①鸭…　Ⅱ.①李…　Ⅲ.①梨—黑心病—防治
Ⅳ.①S436.612

中国版本图书馆 CIP 数据核字（2018）第 169682 号

**内容提要**

本书系统阐述了鸭梨黑心病发病机制及防控技术。第 1 章概述了鸭梨的生产情况和常规的贮藏技术，为读者阅读本书提供了相关背景知识；第 2 章介绍了鸭梨黑心病的发病机制及影响因素；第 3 至 6 章，介绍了作者近几年来研究的二氧化碳、减压贮藏、短时氮气冲击等采后因素和新技术对鸭梨黑心病的影响和调控；第 7 章和第 8 章综述了其他研究者使用的抗坏血酸和程序降温在鸭梨黑心病防控中的应用。

**责任编辑**：李　瑾　　　　**责任印制**：孙婷婷

**鸭梨黑心病防控新技术**

李　健　著

---

**出版发行**：知识产权出版社有限责任公司　　**网　　址**：http://www.ipph.cn
**社　　址**：北京市海淀区气象路 50 号院　　**邮　　编**：100081
**责编电话**：010-82000860 转 8392　　**责编邮箱**：lijin.cn@163.com
**发行电话**：010-82000860 转 8101/8102　　**发行传真**：010-82000893/82005070/82000270
**印　　刷**：北京虎彩文化传播有限公司　　**经　　销**：各大网上书店、新华书店及相关专业书店
**开　　本**：787mm×1092mm　1/16　　**印　　张**：11.5
**版　　次**：2018 年 8 月第 1 版　　**印　　次**：2018 年 8 月第 1 次印刷
**字　　数**：150 千字　　**定　　价**：56.00 元
ISBN 978-7-5130-5705-9

---

# 前　言

鸭梨较耐贮运，每年9月采收后可低温贮藏至次年的4～5月，市场供应期长。但是由于鸭梨特有的采后生理特性，导致其在贮藏期容易出现果心褐变，俗称“黑心病”，严重影响了鸭梨果实的综合品质和商品价值。黑心病一般从果核开始发生，然后慢慢向外扩展，表现为果核果肉发生褐变、变黑。此类生理病害很难在销售前发现，一旦消费者食用黑心病果实，将会影响其对产品的信心。因此开发控制果实黑心病发生的新技术，是延长鸭梨贮藏期，提高鸭梨经济价值的有效手段。

鸭梨原产于我国，主要种植区域也在我国境内，关于鸭梨黑心病的研究主要集中在国内几个实验室。目前，对鸭梨黑心病的发病机制已经有了很好的研究，但相关成果主要以论文为主，还没有一本系统的阐述鸭梨黑心病发病机制及其防控技术的专著。笔者十几年来，一直从事鸭梨黑心病的研究，积累了大量的资料和研究成果，为本著作的出版打下了坚实的基础。本著作的出版，将为相关生产者和科研工作者提供一个全面的参考。

首先要感谢国内鸭梨黑心病研究者几十年如一日对黑心病发病机制和预防手段的不懈研究，这些前辈们的研究结果支撑了本书的完成，其中包括中国农业大学食品学院姜微波老师、胡小松老师，天津农学院闫师杰老师，中国农业科学院果树所王文辉老师，河北省农林科学院遗传生理研究所关军锋老师等。本书中亦引用了他们的相关研究成果，在此表示衷心感谢。

感谢徐艳聪硕士为本书撰写提供的实验结果，感谢硕士研究生符颖丽和李晴在资料整理和编辑中提供的帮助。

感谢国家自然科学基金项目“鸭梨果实二氧化碳伤害与呼吸代谢关系的研究”（31201431）为本书中的相关实验结果的取得提供的经费支持。感谢国家自然科学基金项目（31772038）、北京市教委青年拔尖人才项目（CIT&TCD 201704037）和北京市一流专业建设项目为本书出版提供的资金支持。

由于笔者才疏学浅，本书中难免存在错误及不准确之处，敬请各位读者谅解，也欢迎专家、读者们提出宝贵修改意见，以便日后完善。

李健

2018 年 6 月

# 目　录

# 第1章　鸭梨的常规贮藏方法

## 1.1　引言

梨属蔷薇科（Rosaceae）、梨亚科（Pomaceae）、梨属（Pyrus. L），为乔木落叶果树（滕元文等，2014）。在我国，梨是仅次于苹果和柑橘的第三大栽培果树，其果实产量仅次于苹果。从世界范围看，我国梨栽培面积与总产量多年来也一直居世界第一位（方成泉等，2003）。

中国是梨的起源国，栽培历史悠久，自有文献记载起，已有3000多年的栽培历史（张俊霞，2011）。近年来，经过人工精心杂交选育，梨在我国已经形成了3500多个品种，其中大部分为东方梨品系，包括沙梨、白梨和秋子梨等（王杰和吴少华，2011；李秀根和张绍铃，2006）。

鸭梨（Pyrusbertschneideri Rehd.）是中国最好的白梨品种之一，因梨梗基部突起似鸭头而得名（图1—1）。鸭梨果实外形美观、皮薄肉白、无渣、味甜、脆嫩多汁，因此深受广大消费者的喜爱，享誉

图1—1　鸭梨果实照片

国内外。近年来，鸭梨种植面积迅速扩大，单位面积产量有所增加，其栽培面积和产量一直居全国各类梨树之首。大量的鸭梨出口到东南亚、美国、加拿大及我国的香港和澳门地区。然而，果农单纯追求产量、管理不善、采收过早、采后管理粗放、质量意识淡薄，导致鸭梨果实的品质大幅下降，严重影响了鸭梨在国际市场上的地位和竞争力。

虽然鸭梨果实较耐贮藏，但为典型的呼吸跃变型果实，在贮藏过程中可发生黑心病、黑皮病、果柄失水干枯变黑等多种生理性病害，严重影响其综合品质和商品价值，造成巨大的采后损失。发展鸭梨贮藏技术，可有助于调节市场供给，抵御产量波动引起的风险，防止丰产不丰收的现象，促进农民增收，满足消费者常年的产品需求。本章将总结已报道的可应用于鸭梨贮藏的各种方法。

## 1.2 鸭梨的物理贮藏方法

### 1.2.1 冷藏

冷藏是利用冰点以上的低温，对食品进行贮藏的一种方法。一般来说，微生物及腐败菌在低温下不易生长，因此低温贮藏能够有效控制腐败菌的生长繁殖，防止腐烂的发生。与此同时，食品中酶的活力及化学反应在低温下也有所降低，从而可以延长食品的贮藏期（张瑞娥，2015）。对果蔬而言，低温可以抑制果蔬个体的呼吸作用和乙烯气体的产生。韩忠良等（2012）探究了在冷藏条件下，温度、湿度、成熟度以及包装条件对鸭梨贮藏的影响，为鸭梨的冷藏保存提供了可参考的条件。

冷藏虽然能够延长鸭梨的贮藏期，但是也会带来不良影响，如快速降温导致的黑心病会引起鸭梨的品质下降。对鸭梨进行冷藏时，为避免快速降温而引起黑心病，需要采用缓慢降温的方式，即冷藏的温度呈阶梯式下降。毕阳等（2002）研究发现苹果梨、鸭梨以及冬果梨在 0 ℃下冷藏 6 个月后，其果皮中的总酚以及绿原酸含量会下降，表明冷藏在一定程度上影响了鸭梨果实的品质。

目前，大量关于鸭梨贮藏的研究中，将冷藏与保鲜膜、1－甲基环丙烯（1－MCP）、外源水杨酸以及热处理等技术条件相结合，旨在延长鸭梨的贮藏期的同时，保证鸭梨的品质。利用 1－MCP 处理与冷藏相结合，发现经 1－MCP 处理后，鸭梨在冷藏期间多酚氧化酶和脂氧合酶的活性均有所降低，硬度下降，鸭梨衰老的速度有所减缓，很大程度上保持了鸭梨的品质（李江阔等，2007）。千春录等（2013）探究了热处理对于冷藏期间鸭梨品质及果实中酶活的影响，研究发现，热处理不仅能够保持冷藏中鸭梨的硬度及可溶性固形物含量，同时可以提高鸭梨果实中过氧化氢酶和过氧化物酶的活性，延缓鸭梨果实的衰老。

### 1.2.2　气调贮藏

气调保鲜技术主要是将待贮藏的果蔬放置在特定的密封库房内，通过人为调节密封保鲜库房内气体的相对组成，将氧气、二氧化碳、氮气等气体的含量调节为最适合果蔬贮藏的条件，并去除乙烯等有害气体，同时适当降低贮藏环境温度的一种物理贮藏方式。气调贮藏通过调节环境中气体的比例，使贮藏的果蔬个体的呼吸强度降低，自身代谢减弱，具有催熟作用的乙烯合成受到抑制，从而能够延长果蔬的贮藏期和衰老期，降低微生物的生长速度，最终实现果蔬长期高品质的贮藏（胡晓松和张彤，1992）。气调贮藏可以最大限度地延长果蔬的货架期，已经成为许多国家主要的贮藏保鲜手段。

赵瑞平等（2005）探究了在气调保鲜贮藏的条件下，鸭梨黑心病发生与温度之间的关系。研究结果发现，直接将鸭梨置于 0 ℃的低温气调贮藏条件下，果实果心的褐变程度较为严重，而将果实置于从 12 ℃缓慢降温到 0 ℃的气调贮藏条件下，鸭梨果心的褐变程度会有所降低，同时硬度下降的速度也会减缓，可滴定酸的含量保持在较高的水平。实验的结果表明，温度对于气调贮藏的鸭梨果实品质具有一定的影响，在适宜的温度下，鸭梨能够在合适的气体环境中保持良好的品质，延长鸭梨的贮藏期。

气调贮藏操作简单，容易推广，主要通过调节氧气和二氧化碳的含量比来控制贮藏果实的呼吸代谢强度，从而延长果实的贮藏期。但是，气调贮藏需要较为严苛的密封环境，密封冷库的建设运行需要很大成本，同时不同气体的不同含量比对于贮藏果实具有较大影响，需对气体比例进行严格控制。鸭梨果实对二氧化碳气体敏感，使用气调贮藏方法时要格外注意。

### 1.2.3 包装袋

李家政等（2010）探究了微孔膜及传统纸包装贮藏对于鸭梨品质的影响。实验结果表明，在贮藏期间常规低密度聚乙烯（LDPE）袋中的 $CO_2$ 浓度为 1.1%～3.2%，而微孔 LDPE 袋中 $CO_2$ 的浓度则仅为常规袋中的 1/10～1/8。经过微孔 LDPE 袋包装的鸭梨，其果心、果肉褐变程度降低，失重和果皮褶皱程度大大减少。虽然不同材料的套袋处理对鸭梨果实中总可溶性固形物（SSC）和可滴定酸含量（TA）没有明显影响，但综合来看，采用微孔膜包装贮藏鸭梨比目前使用的纸包装贮藏具有明显的优势。

纪淑娟（2008）同样探究了鸭梨在冷藏期间，普通聚乙烯薄膜包装、单果纸包装和微孔膜包装对于其品质特性的影响。经过一段时间的贮藏，微孔包装袋内 $CO_2$浓度仅为 0～0.6%，而普通聚乙烯膜包装袋内 $CO_2$浓度则是微孔包装中的 8～10 倍。果实经过微孔保鲜膜处理后其果实褐变指数明显降低。与普通聚乙烯薄膜包装和单果纸包装相比，微孔膜包装在鸭梨的贮藏保鲜方面具有明显的优势。

### 1.2.4　紫外辐照

紫外辐照贮藏是一种简单、方便的物理贮藏方法。紫外线通过辐射的能量可以杀死果蔬中的细菌、病毒及小型昆虫，处理过程中无化学药品添加，无化学残留，并能够较好地维持果蔬的食用品质（陈怀发，2011）。短波紫外线（UVC）是指波长小于 280 nm 的一类紫外线，能量较高，具有多种生理作用。UVC 辐照处理可以直接杀灭果蔬表面微生物（Marquenie et al，2003），诱导植物抗菌物质及植保素的形成，产生黄酮、酚类和木质素等抗菌物质，使果蔬产生抗病性（Steven et al，1996），从而减轻采后腐烂损失，是一种无化学残留的物理处理方法。

目前已有大量实验研究了紫外照射对于果蔬贮藏品质的影响。李波等（2009）探究了短波紫外照射对于鸡腿菇贮藏品质的影响，结果发现紫外照射降低了鸡腿菇内多酚氧化酶的活性，使其呼吸代谢作用下降，从而延长了其保鲜期。同时研究发现紫外处理不仅能够延长 4 ℃低温下鸡腿菇的贮藏期，对于 20 ℃常温下贮藏的鸡腿菇的保质期同样也有延长作用。祖鹤等（2009）研究了紫外照射对于菠萝表皮微生物数量的影响，研究发现，经过紫外照射的菠萝，其表面的大肠杆菌、酵母菌等微生物的数量明显下降，菠萝品质保持在较高水平。

对于鸭梨果实而言，张倩等（2009）利用 5 $kJ/m^2$的 UVC 处理果实，发现短波紫外照射对鸭梨的病斑扩散有一定程度的抑制作用，同时处理果实维持了较高的硬度和可溶性固形物的含量。闫训友等（2015）将紫外处理技术与抗坏血酸、钙处理相结合，结果发现该处理能够有效防止鸭梨果实中营养物质及水分的流失，维持鸭梨在贮藏中的品质，降低鸭梨果实的腐烂率。

紫外照射保鲜，不仅操作简单、便捷、速度快、效率高，而且不会产生对人体有伤害的残留物。但是紫外照射的杀菌能力及杀菌时间有待进一步研究，紫外线的剂量不足会影响其杀菌效果，使病原微生物不能被全部杀死。同时存在消耗的能量较大、花费较高等不足。另外，对紫外处理的剂量要通过实验严格筛选，剂量不足会导致作用不明显，剂量过高会产生伤害，灼伤果皮组织，产生褐变。

### 1.2.5 高氧处理

环境气体中氧气与二氧化碳的相对含量可直接影响果蔬的呼吸代谢速率和生理特性。目前，关于高氧保鲜处理在国内外已进行了大量试验，杨梅经过高氧处理后，其可溶性固形物、总酸及 pH 并没发生明显改变，但是随着氧气含量的增加，其腐败率、失重率在逐渐降低，杨梅品质得到保持，贮藏期得到延长（杨震峰等，

2015）。殷浩等（2015）研究了桑葚采后经高氧处理后品质及生理指标的变化，发现桑葚的腐烂率、失重率随着氧气浓度的增加而降低，桑葚中总酚、维生素、可溶性固形物等物质随着氧气的增加而不断增加，经过高氧处理，桑葚的贮藏期延长，品质得到保证。龚吉军等（2010）将臭氧与高氧处理相结合，探究了该处理对于草莓品质的影响，结果发现单独进行臭氧或高氧处理均能够提高草莓中总酚和花青素的含量，降低草莓果实的腐烂率，减少果实中维生素的流失，且将两种处理相结合能够更好地保持草莓的品质，维持其正常的生理指标，可以认定其为一种有效可行的草莓保藏方法。

杨雪梅等（2013）将鸭梨高氧处理后进行贮藏，发现高氧处理延缓了果实硬度的下降，保持了果实可溶性固形物含量，降低了乙烯在贮藏前期的释放量和细胞膜的过氧化作用，延迟了腐败发生的时间。

果实采后的品质主要与其呼吸作用和乙烯的生成有关，高氧处理能够影响果蔬的呼吸代谢，使其腐烂率下降，维持采后良好的品质。高氧处理操作简单，无化学残留，是一种较为有效的便于推广的物理贮藏方法。然而，使用高氧处理对冷库的气密性有较高的要求，同时要注意贮藏过程中的操作安排。

### 1.2.6　套袋

套袋能改善果实着色，并防止果实之间相互碰撞，减少果实表面果点、锈斑，果实套袋已经成为提高果实商品性，增加经济效益的重要技术措施之一。近年来，随着水果生产向高质量方向发展，市场对绿色水果的需求不断增加，水果套袋技术作为苹果、梨等果实安全优质生产的重要措施之一，对提高果实外观质量和商品果率起到了良好的作用（王少敏等，1999）。闫师杰等（2009）研究发现套袋处理提高了鸭梨的 L 值和 a 值，降低了叶绿素含量，降低了果实的色泽，减缓了采后果实颜色的变化。

### 1.2.7 高压静电场处理

高压静电场主要依据离子在气体中从一极向另一极的不断转移，在转移过程中不断发生碰撞，电子和氧气在不断的碰撞中发生反应，生成臭氧，这也是高压静电场具有杀菌效果的原因。目前，高压静电场在食品中得到了更广泛的研究和发展，是一种无污染的物理保鲜方法（段欣等，2018）。

孙贵宝等（2009）研究了高压静电场对于皇冠梨的影响，皇冠梨采后主要会发生果皮褶皱、果心褐变、果实腐烂等品质问题，经过高压处理后，皇冠梨的贮藏期延长，硬度、水分和重量相对于其他处理均保持在较高水平，且果实在贮藏过程中发生腐败的数量降低。高压静电处理有效地保持了果实的贮藏品质。孙贵宝（2012）利用高压静电场对皇冠梨、葡萄、冬枣等水果进行了实验探究，测定了果皮的硬度、腐烂率和果实内维生素含量等指标，证明高压静电处理能够保持果实硬度，减少维生素的流失，降低果实的腐烂率，降低葡萄的掉果率，抑制果实水分流失，保持果实的贮藏品质。杨盂（2013）将高压静电场应用在采后猕猴桃上，利用正交实验探究出经 75 kV 高压静电场处理 12 h 的猕猴桃的采后品质维持得最好，其硬度的下降率最低，重量和可溶性固形物的损失较少，可以达到高品质贮藏的目的。

有报道发现经过高压静电场处理的鸭梨的呼吸跃变期及乙烯释放高峰均有所推迟，进而提高了鸭梨贮藏过程中的品质，延长了鸭梨的贮藏期，同时，果实中的固形物的流失下降，果心的褐变受到抑制，高压静电处理明显改善了鸭梨品质的贮藏特性（王颉等，2003）。王杰等（2003）的研究结果表明，高压静电场处理鸭梨使果实呼吸延迟 60 d，但峰值无变化，乙烯释放高峰推迟 60 d，峰值仅为对照组的 1/2 左右。高压静电场处理对可溶性固形物的损失和果核褐变有显著的抑制作用。

高压静电场作为一种新型采后处理技术，具有很多不可比拟的优势，大量的研究也在不断探索其最佳使用条件，将高压静电用于食品保藏是未来的一种流行趋势，但目前还存在很多问题有待解决，如对高压静电的控制、用电强度和用电量等问题。

## 1.3　鸭梨的化学贮藏方法

### 1.3.1　1 - MCP

乙烯作为植物五大激素之一，对植物的生长发育，特别是对果蔬的成熟衰老起着重要的调控作用。抑制乙烯作用成为延长果蔬采后寿命，提高果蔬品质的重要途径之一。近年来，分子生物学的发展为乙烯合成控制提供了新的途径，采用基因工程手段抑制乙烯生成取得了显著的效果（罗云波和生吉萍，2006），但转基因方法仅能抑制果实内源乙烯的合成，为了有效地控制外源乙烯对果蔬采后生理的影响，人们一方面研究了高锰酸钾和活性炭等乙烯吸收剂对果蔬的保鲜作用（彭丽桃等，2002；杨士章等，1996），另一方面在乙烯受体抑制剂方面取得了很大的进展。尤以 Saltveit 开发出的新型抑制剂 1-甲基环丙烯（1-MCP）（图 1—2）引人注目。1-MCP 具有无毒无害、性质稳定、作用浓度低、持续作用时间长等优点，已经应用于苹果（韩冬芳等，2003）、香蕉（苏小军，2003）、番茄（孙希生等，2003）、桃（段玉权等，2002）以及鲜花（汪跃华和董华强，2003）的保鲜研究中。

图 1—2　1-甲基环丙烯（1-MCP）结构式

1-MCP 分子结构与乙烯相似，因此可以竞争性地和乙烯受体结合，而且 1-MCP 更容易与受体结合（Sisler EC，1999）。研究表明，1-MCP 与乙烯受体结合后，可以长时间封锁乙烯受体位点，从而阻止乙烯和受体相结合，抑制乙烯的生理效应（刘红霞，2004）。1-MCP 还能够减少乙烯合成中关键酶 ACC 合成酶和 ACC 氧化酶的基因表达，从而减少乙烯的合成与释放（Li et al，2001）。1-MCP 可以抑制乙烯受体基因 ETR1（李正国，2000）Pp2ERS1 基因（Rasori A et al，2002）、Le2ETR4 基因（魏绍冲，2005）、PA2ERS1 基因（OwinoW O et al，2002）表达，最终抑制乙烯的生理作用。1-MCP 延缓果蔬衰老还与其能明显降低果实脂氧合酶（LOX）活性和膜脂过氧化产物丙二醛（MDA）的积累，减少活性氧对生物大分子的氧化损伤，保持超氧化物歧化酶（SOD）活性在较高的水平，并且显著抑制多酚氧化酶（PPO）活性有关（李志强，2006）。1-MCP 还能够减缓果实的呼吸速率，这可能与 1-MCP 抑制了呼吸作用相关的关键酶基因的表达有关（Jiang 等，2000）。1-MCP 处理果实后可以有效抑制果胶酶等细胞壁水解酶活性的增加和 mRNA 丰度的表达，阻碍果实果胶、纤维素等细胞壁多糖的降解，从而延缓果实的采后软化（罗自生，2004）。同时，1-MCP 可以延缓叶绿素的降解，影响果蔬色泽的变化（魏好程等，2003）。此外，1-MCP 还可以减轻果实的褐变（高敏和张继澍，2001），降低冷害发生率，减轻生理和侵染性病害的发生率。但是，有报道称 1-MCP 处理果实后会影响果蔬香味物质的形成（Fan X，2001）。

1-MCP 起作用效果的浓度与处理果蔬的品种和种类密切相关。如在同一条件下，香蕉和番茄的 1-MCP 有效浓度相差就有 10 倍之多（刘红霞，2004）。甚至是同一种类果蔬不同品种之间也会存在一定的差异（Watkins C B，2000）。水果的成熟期不同，应用 1-MCP 的处理效果也不同。1-MCP 处理可抑制番茄果实乙烯释放和 Le2ETR4 的表达，而对跃变下降期（红熟期）果实反而促进了乙烯释放（魏绍冲，2005）。处理浓度和时间也影响 1-MCP 的效果，在一定范围内，浓度越高，达到相同效果所需处理时间越短（陈丽和孙海燕，2006）。另外，二次重复处理对果实的保鲜效果比一次处理效果更佳（付永琦等，2007）。

对于鸭梨而言，朱麟等人（2009）指出果实经 1-MCP 处理后冷藏，可以有效抑制果实的呼吸强度和乙烯释放，对早期采收的果实影响最为显著。1-MCP 对保持果实可溶性固形物和硬度，以及抑制果皮相对电导率的变化有较好的效果。同时发现1-MCP能够显著地降低南果梨和鸭梨乙烯释放量和呼吸强度，延迟乙烯释放和呼吸高峰的出现，大幅减少呼吸作用对能量物质的消耗，保持果实中可溶性固形物含量和可滴定酸含量，延缓果肉软化进程。但南果梨经1-MCP处理后，果实后熟软化缓慢，同时对鸭梨黑心病影响不明显（朱麟，2009）。

王志华等人（2011）探究了1.0 $\mu L \cdot L^{-1}$、0.5 $\mu L \cdot L^{-1}$两种不同浓度的1-MCP对于鸭梨果实贮藏性状的影响，发现两种不同浓度的处理均能降低贮藏期间果实呼吸强度和乙烯气体释放量，并将不同浓度的1-MCP与降温速度相结合，经试验验证得出在急剧降温的过程中0.5 $\mu L \cdot L^{-1}$ 1-MCP处理的效果更好，而在缓慢降温过程中，1.0 $\mu L \cdot L^{-1}$ 1-MCP处理的效果更好，因此，在工业生产中要依据合适的条件来选取适宜的1-MCP浓度。朱文嫱等（2014）报道过，经过1-MCP处理的鸭梨的呼吸强度、乙烯生成量明显低于对照组（$P<0.05$），1-MCP抑制了果实多酚氧化酶（PPO）活性，延缓了果实可溶性固形物含量和硬度的下降，较好地保持了常温贮藏下鸭梨果实的好果率，并延长了贮藏时间。

杜子春等（2013）利用1.0 $\mu L \cdot L^{-1}$、1.5 $\mu L \cdot L^{-1}$浓度的1-MCP对鸭梨进行处理后，将其放置在常温下贮藏30天，结果表明，虽然鸭梨果实的硬度有所降低，但是可溶性固形物和可滴定酸的含量却较贮藏前增加，说明1-MCP能够有效地维持其较高的贮藏品质及风味。傅利军等（2004）也指出1-MCP能有效地维持鸭梨的贮藏品质，实验结果表明，1-MCP处理对鸭梨的腐烂没有显著的影响，但是1-MCP处理能够减缓果实衰老，维持果实的硬度，降低黑心病在中后期的发生率，并且能延缓贮藏后期可溶性固形物和可滴定酸的下降。

### 1.3.2　臭氧

臭氧是地球大气中的一种微量气体，具有较强的氧化能力和杀菌能力，且性质不稳定，在常温下可以自行分解，不会有任何化学残留（万娅琼等，2001）。臭氧是一种强氧化剂，能够抑制病原菌的生长，氧化果实释放出乙烯气体，钝化酶的活性，降低果蔬的呼吸强度，此外还具有降解果蔬表面的有机氧、有机磷等农药残留的功效（滕斌和王俊，2010）。臭氧能够杀死果蔬中的细菌、病毒，具有高效的杀菌能力。实验研究发现，臭氧对砀山梨、翠冠梨和黄冠梨具有较好的贮藏效果（徐晓燕等，2012；邵永华等，2008；杨绍艳，2007）。

杜子春等（2013）研究发现单独臭氧处理影响了鸭梨的品质，其果实的硬度、可溶性固形物及可滴定酸的含量均有所降低。将臭氧与 1 - MCP 相结合进行多重比较分析时发现，当 1 - MCP 的浓度为 1.5 $\mu L \cdot L^{-1}$，臭氧的浓度为 0 时，鸭梨果实的硬度保持最佳，果实内的营养物质下降的速度最慢，表现了臭氧处理的不足。万娅琼等（2001）也同样发现经过臭氧处理的鸭梨的贮藏期缩短，鸭梨的硬度下降，其果实内的可溶性固形物及可滴定酸的含量降低。

### 1.3.3　水杨酸

植物受到病原菌侵染时，自身会产生植保素和多酚类抗菌物质，并能分泌病程相关蛋白。植保素和多酚类物质能抑制真菌孢子萌发和菌丝生长，病程相关蛋白可以降解病原菌的细胞壁，从而阻止病原菌的继续侵染。当用一些化学因子处理植物时，同样能诱导植物产生这种抗病反应。这种诱导性抗病反应为果蔬采后病害的控制提供了一条新的途径。

水杨酸（Salicylic Acid，SA）是诱发植物系统抗性的信号分子，是植物体内普遍存在的一种小分子酚类物质，化学名为邻羟基苯甲酸。SA参与植物的许多生理生化过程，如开花、生热、种子萌发、气孔关闭、膜透性和离子吸收（Raskini 等，1992；Klessing 等，1994）。

孙文泰等人（2011）的研究表明水杨酸降低了鸭梨果实糖酵解途径（EMP）、三羧酸循环途径（TCA）、磷酸戊糖途径（PPP）、细胞色素途径和交替途径的代谢，降低了多种酶活性及总呼吸强度，并且在整个贮藏过程中没有出现呼吸强度明显增强的现象。0.002 mmol/L 水杨酸处理果实的总呼吸速率、EMP、TCA、PPP、细胞色素途径和交替途径比对照果实均有降低。水杨酸处理果实中的呼吸途径关键酶，磷酸己糖异构酶、琥珀酸脱氢酶、细胞色素氧化酶、葡萄糖-6-磷酸脱氢酶和6-磷酸葡萄糖脱氢酶的活性与对照果实相比分别下降了22.3%、37.4%、17.1%和42.2%。在冷藏条件下，不同浓度的水杨酸降低了果实呼吸强度，抑制了呼吸跃变的产生。其中以0.002 mmol/L 的水杨酸为最优条件。孟丽莉等（2008）探究了在常温和冷藏两种不同的贮藏条件下，1 mmol/L 水杨酸处理对于果实中营养成分的影响。黄金梨和皇冠梨经水杨酸处理后，其果实的淀粉、可滴定酸以及维生素C的含量明显高于对照组，同时可溶性蛋白和氨基酸的含量维持在较高的水平，常温贮藏后期的可溶性糖含量也保持在较高水平。

杨绍兰等（2009）研究发现乙酰水杨酸处理可延缓鸭梨果实的硬度下降，减少果实的失重，抑制果实的腐烂和乙烯释放，保持鸭梨果实的外观质量和食用品质，延长鸭梨果实的保质期。

超声波的空化作用使其在食品工业中受到广泛研究，超声波能够促进种子萌发，提高发芽率。有研究表明，1 mmol/L 水杨酸和 1 mmol/L 水杨酸联合超声波处理的鸭梨病斑直径分别减少 5%和 12%。单纯超声处理组与对照组的病变斑直径无显著性差异（$P>0.05$）。超声联合水杨酸处理的果实在接种后第 5 天过氧化物酶活性比对照组和水杨酸处理组分别提高了 40%和 29%（姚松和姜微波，2004）。

### 1.3.4　壳聚糖涂膜

壳聚糖，学名（1，4）-2-氨基-2-脱氧-β-D—葡聚糖，为甲壳素脱乙酰化的产物，由 D—葡胺糖通过 β-1，4 糖苷键连接而成（滕莉丽等，2002）。它是一种可生物降解的黏多糖，主要存在于无脊椎动物、昆虫、海藻和真菌中，是地球上含量最丰富的生物高聚化合物之一。由于具有安全、无毒、成膜、抑菌等诸多优点，被广泛应用于化妆品、水处理、造纸、食品等领域。另外，壳聚糖在果蔬采后保鲜上的研究也取得了进展。目前，已有壳聚糖在苹果（郑学勤等，1996）、葡萄（尹莲，1998）、番茄（袁毅桦，1994）、草莓（邹良栋等，1994）、猕猴桃（陈天等，1991）保鲜中应用的相关报道。

壳聚糖是线性高分子聚合物，具有良好的成膜特性（肖丽霞和王乔，2005)。壳聚糖涂于果蔬表面后，可以形成一层无色透明的薄膜。该薄膜可以堵塞果皮上的分裂纹和皮孔，促进伤口木栓化，同时加大果内水分向外扩散的阻力，减缓水分蒸发，另外可以有效阻止致病微生物的侵染，延缓果蔬的萎蔫和腐烂变质。壳聚糖薄膜可以限制果蔬与外界的气体交换，阻止呼吸作用产生的二氧化碳的散失和外界氧气的渗入，维持高二氧化碳、低氧的环境，从而可以抑制果蔬呼吸作用，延缓果蔬的衰老（肖丽霞和王乔，2005)。另外，壳聚糖还具有很好的抑菌作用（陈春涛等，1998)。低分子量的壳聚糖可渗入果蔬和病原菌的内部，渗入病菌体内的壳聚糖分子可与病菌细胞壁初生组织相结合，抑制细胞壁的合成，或与病原菌细胞核中带负电荷的DNA相互作用，影响DNA复制和RNA转录（吕丹娜和许丽，2006)。高分子量的壳聚糖中所带的正电荷及其聚合分子可与病原菌表面的鞭毛及荚膜吸附凝集，与细菌表面产生的酸性物质如脂多糖、磷壁质酸、糖醛酸磷壁质、荚膜多糖等相互作用，形成复杂的高分子电解质，破坏细菌细胞膜的代谢，抑制病原菌繁殖（沈东风等，2000)。另外，壳聚糖还能减少乙烯的释放量，减少超氧自由基产生，抑制膜脂组织的过氧化作用，从而延缓果蔬的氧化衰老（吴友根和陈金印，2006)。

壳聚糖不但可以减缓水分蒸发，减少失重率，而且还能改变果蔬的其他品质。经壳聚糖处理的葡萄果实中维生素C含量始终高于对照组（冯波、曾虹燕等，2006)，壳聚糖能够明显抑制青椒可溶性糖的损失（吴非、周巍等，2003)。胡文玉和吴姣莲试验表明，番茄在20 ℃贮藏28 d后，经2%壳聚糖溶液处理的果实中可滴定酸含量高于对照组（胡文玉和吴姣莲，1994)。吴青等（2001）研究发现，壳聚糖处理的荔枝颜色明显好于对照组。由此可见，壳聚糖不但能延迟果蔬的衰老，还能保持果蔬的色泽、营养，提高果蔬的综合品质。

### 1.3.5　有机酸

柠檬酸是植物体内重要的有机酸之一，参与植物组织的呼吸代谢等多种生理活动。同时，还可以用来防止加工过程中果蔬褐变和微生物污染，从而延长货架期（杨绍兰和王然，2009）。史振霞等（2011）利用四种不同浓度的有机酸对鸭梨进行处理，发现均能降低果实的水分散失和发生腐烂的比例，其中鸭梨经过 2%柠檬酸处理后，果实品质维持在较高水平，柠檬酸处理能够明显地抑制微生物的生长，维持硬度及糖、酸在较高水平。曹建康等（2005）也研究发现柠檬酸处理可以有效延缓果实硬度、可溶性固形物（SSC）、可滴定酸和维生素 C 含量的下降，并且能有效地降低果皮褐变和腐烂的发生，对抑制失水也有一定效果。以上的研究表明柠檬酸处理能够有效地维持鸭梨的品质、减少微生物数量，为鸭梨果实的贮藏提供了一种可选方法。

丙酸是世界卫生组织（WHO）和联合国粮农组织（FAO）批准的可以使用在食品与饲料中的一种安全可靠的食品防霉剂。丙酸可使病菌细胞失水或通过控制酶的活性阻止其繁殖，以达到杀菌效果（Lu，J，2010）。任放等（2014）发现，与对照组相比，一系列浓度丙酸（0，4 000 mg/L，5 500 mg/L，7 000 mg/L，8 500 mg/L）处理 30 min 可有效抑制采后鸭梨黑斑病的发病率，并且能够降低鸭梨的呼吸速率（$P<0.05$），处理后的丙酸残留量远远低于国家限量标

准，但 8 500 mg/L 处理后的鸭梨果实表面产生了药害，为丙酸处理的极限浓度。

### 1.3.6 抗氧化剂处理

目前二苯胺主要应用于农业生产及贮藏中，被用于果实表皮虎皮病的防治（韩舜愈，1996）。赵瑞平等人（2009 年）发现，快速冷却可导致果心早期严重褐变，二苯胺处理可降低由急速降温引起的鸭梨果实早期褐变，二苯胺处理 60 天后果实褐变指数为 0.233。同时，二苯胺处理可降低果实的乙烯释放量，抑制多酚氧化酶（PPO）的活性，维持果实中酚类物质的含量。同时，贮藏前一定量的二苯胺处理可减轻鸭梨果实的后期褐变，二苯胺处理还能保持较高的果实硬度和果色，延缓果实的后期衰老，保持酚类物质含量（赵瑞平等，2008）。

氧硫化碳熏蒸能够使鸭梨处理期间的呼吸作用增强，同时抑制鸭梨在贮藏过程中失重的发生，然而对贮藏期间水果硬度、可溶性糖和总酸度均无明显影响，但是较高浓度处理会使鸭梨表皮出现药害（雷思勤等，2009）。

谷胱甘肽（GSH）能有效抑制鸭梨果实低温贮藏 6 个月后黑心病的发生。黑心率和黑心指数分别比对照组降低 26.9%和 37.1%。处理后果实中抗坏血酸、谷胱甘肽、超氧化物歧化酶和过氧化氢酶含量显著高于对照组，诱导了抗坏血酸过氧化物酶活性高峰的出现，但对谷胱甘肽还原酶的影响不大，谷胱甘肽对鸭梨果实黑心病的抑制作用可能与其抗氧化能力增强有关（林琳等，2006）。

### 1.3.7　赤霉素

赤霉素是重要的植物激素之一，对植物种子的萌发、茎的伸长、花的诱导、果实和种子的发育具有重要作用（潘瑞炽，1998）。曹建康等（2008）实验研究发现 10 mg/L 赤霉素（GA3）处理就可抑制鸭梨果实组织圆片乙烯的产生。1-氨基环丙烷-1-羧酸（ACC）的加入表明 GA3 处理抑制了 ACC 在鸭梨组织转化过程中形成乙烯的能力。100 mg/L GA3 处理可有效抑制贮藏在 20 ℃的鸭梨果实乙烯释放，使果实保持较高的硬度、可溶性固形物和可滴定酸含量。100 mg/L 的 LGA3 处理使鸭梨果实在 0 ℃贮藏的褐变率和褐变指数分别降低了 44.8%和 51.2%。

### 1.3.8　ASM 诱导处理

曹建康等（2005）指出苯丙噻重氮（ASM）作为一种重要的植物抗病基因诱导剂，可以显著地抑制鸭梨果实病害的发生，同时 ASM 处理提高了鸭梨中苯丙氨酸解氨酶和几丁质酶的活性，进而促进鸭梨果实中过氧化氢和酚类物质的积累，这两种物质均有益于人体健康，起到抗氧化的作用。同时进行的体外实验表明，ASM 对病原菌没有抑制作用，ASM 处理对果实病害的抑制作用可能与果实抗病体系的增强有关。

### 1.3.9　天然植物提取物

我国拥有丰富的植物资源，其产生的次生代谢产物大部分都具有杀虫或抗菌作用（Swain，1977；Bennner，1993）。由于植物提取物中含有的抗菌成分为自然存在的化合物，采用天然植物提取物对果蔬进行保鲜可以减少化学合成杀菌剂的使用，施用于作物上亦不易产生残留，并有效防止植物病原菌产生抗药性（严振等，2005）。植物源杀菌剂是目前农药研究领域的热点之一，备受关注。植物提取物的抑菌机理一般分为两种：一种是提取物直接作用于微生物个体，通过降低生物膜的稳定性和干扰能量代谢的酶系统来抑制微生物的生长（冯晓元等，2005）；另一种是作用于果实自身，促使果实产生抗病性，增强对病菌的抵抗能力（Tian and Chan，2004）。

邓业成等（2006）用50种不同的植物提取物对梨进行处理，观察其对于褐斑病的影响，经过研究发现广西地不容块根、龙葵枝叶、狭叶十大功劳根茎和广西蜘蛛抱蛋全株对于梨褐斑病的抑制效果最好，可以做进一步的研究并加以开发利用。高小宽等（2018）从梨的采后黑斑病出发，利用三七、五味子和白果三种不同的植物提取物对其进行处理，结果发现经过三种植物提取物处理后的果实的褐斑病均被抑制，且三七的抑制效果最佳。

### 1.3.10 多胺处理

多胺是一类含有两个或多个氨基的化合物的总称，是果蔬代谢中产生的一类低分子量的脂肪族化合物，其中常见的多胺包括腐胺、尸胺、亚精胺和精胺。由于多胺的产生可抑制乙烯的生成，从而能够延缓果蔬衰老，所以利用外源多胺进行果蔬保鲜已经成为众多学者的研究内容。

王颉等（2003）的实验研究表明，经过精胺和亚精胺处理的鸭梨，其果实的呼吸强度和乙烯释放量显著下降，果实的品质也保持在较高水平，经过多胺处理贮藏 10 天的鸭梨果实中的可溶性固形物的含量明显高于未被多胺处理的对照组（$P<0.01$），经多胺处理果实的果心褐变指数显著低于对照组（$P<0.01$）。

外源多胺作为保鲜剂，在果蔬采后贮藏中，既可以保持果实的品质，也可以诱导果实内部多胺的积累，提高果蔬的营养价值，因此在果蔬采后贮藏保鲜中具有良好的研究及运用前景。

### 1.3.11　乙醇处理

已有研究表明，外源乙醇能延缓果实采后成熟进程，延长货架期，延缓果实衰老，抑制采后微生物的生长和生理病害的发生。佟世生等人（2002）探究了不同浓度的乙醇熏蒸对于鸭梨果实品质的影响，结果表明，用 4 mL/kg 的乙醇蒸气处理的鸭梨果实，其果实中乙烯释放量、黑心病和腐烂率均有所下降，乙醇熏蒸处理还抑制果实可溶性固形物、叶绿素、硬度的降低，感官品质好于其他处理。高浓度乙醇处理（64 mL/kg）可降低乙烯的生成，抑制腐烂率和黑心病的发生，延缓叶绿素降解。研究结果表明，乙醇处理能增加鸭梨抗性，提高果实品质（佟世生等，2002）。

### 1.3.12　钙

钙作为植物必需的营养元素之一，同时还是植物细胞内部调节的第二信使系统，影响叶片等营养器官的生长衰老和果实采后的品质（石凤，2006）。目前，关于钙与植物衰老关系的研究越来越受到人们的重视，已经有钙应用于苹果（关军峰，1999）、草莓（张广华等，2001）、猕胡桃（王贵喜和韩雅珊，1995）采后生理的相关报道。

钙可以与细胞壁中的果胶酸形成果胶酸钙，从而减少果实中可溶性果胶的含量，保护细胞壁的中胶层结构。另外，钙还能抑制果实中果胶酶（PG）的活性，减少对细胞壁的分解，抑制真菌侵染导致的PG对细胞壁物质的降解。同时，钙还能影响蛋白和脂类在细胞膜上的沉淀，从而调控着PG由胞内向细胞壁分泌，起到维持果实硬度的作用。钙还与细胞膜的韧性有关，果实含钙量高，细胞膜韧性大，不易破裂（王晓娅和邓志力，2002）。钙能结合磷脂分子上的负电荷，影响细胞膜的渗透性，还能改变细胞膜的流动性，影响细胞膜上酶的活性，保护细胞膜免受自由基的攻击，维持细胞膜的功能，从而起到延缓衰老的作用。

研究表明，钙能抑制果实的呼吸作用，桃冷藏期间经过3%的$CaCl_2$处理能明显推迟呼吸高峰的到来（于建娜和任小林，2004）。这可能与钙离子降低线粒体活力有关，还可能与钙离子改变了果实表皮结构，增加了氧气扩散的阻力，从而改变了果实内部二氧化碳和氧气的比例有关（惠伟和许明宪，1992）。采后浸钙还能有效降低乙烯的释放速率。一般来说，随着采后钙处理浓度提高，乙烯生成速率会逐步下降（Lara I et al，1990）。

陈婷等（2012）研究发现，采前经过高活性钙镁肥处理的黄花梨的腐烂率、失水率相对于对照组而言明显降低，经过钙镁肥处理的果实的硬度、可溶性固形物的含量、总酸的含量均呈现明显的增加，经过钙镁肥处理的果实保持了更好的性状，维持了采后的贮藏品质。

## 参考文献


[1] Benner J P. Pesticidal compounds from higher plants [J]. Pesticide Science, 1993 (39): 95—102.

[2] Fan X, Argenta L, Mattheis J. Impacts of ionizing radiation on volatile production by ripening gala apple fruit [J]. Journal of Agricultural & Food Chemistry, 2001, 49 (1): 254.

[3] Jiang Y, Joyce D C. Effects of 1-methylcyclopropene alone and in combination with polyethylene bags on the postharvest life of mango fruit [J]. Annals of Applied Biology, 2015, 137 (3): 321—327.

[4] Kader A A, Ben-Yehoshua S. Effects of superatmospheric oxygen levels on postharvest physiology and quality of fresh fruits and vegetables [J]. Postharvest Biology & Technology, 2000, 20 (1): 1—13.

[5] Klessig D F, Malamy J. The salicylic acid signal in plants [M] // Signals and Signal Transduction Pathways in Plants. Springer Netherlands, 1994: 203—222.

[6] Lara I, Vendrell M. ACC oxidase activation by cold storage on "Passe-Crassane" pears: Effect of calcium treatment [J]. Journal of the Science of Food & Agriculture, 1998, 76 (3): 421—426.

[7] Li D, Zhou H W, Sonego L, et al. Ethylene involvement in the cold storage disorder of "Flavortop" nectarine [J]. Postharvest Biology & Technology, 2001, 23 (2): 105—115.

[8] Lu J, Vigneault C, Charles M T, et al. Heat treatment application to increase fruit and vegetable quality [J]. Stewart Postharvest Review, 2007, 3 (3): 1—7.

[9] Marquenie D, Geeraerd A H, Lammertyn J, et al. Combinations of

pulsed white light and UV-C or mild heat treatment to inactivate conidia of Botrytis cinerea and Monilia fructigena [J]. International Journal of Food Microbiology, 2003, 85 (1): 185—196.

[10] Owino W O, Nakano R, Kubo Y, et al. Differential regulation of genes encoding ethylene biosynthesis enzymes and ethylene response sensor ortholog during ripening and in response to wounding in avocado [J]. Journal of the American Society for Horticulturalence, 2002, 127 (127): 520—527.

[11] Raskin I. Role of Salicylic Acid in Plants [J]. Annu. rev. plant Physiol. plant Mol. biol, 1992, 43 (43): 439—463.

[12] Rasori A, Ruperti B, Bonghi C, et al. Characterization of two putative ethylene receptor genes expressed during peach fruit development and abscission [J]. Journal of Experimental Botany, 2002, 53 (379): 2333—2339.

[13] Sisler E C, Serek M. Compounds controlling the ethylene receptor [J]. Botanical Bulletin-Academia Sinica Taipei, 1999, 40 (1): 1—7.

[14] Stevens C, Wilson C L, Lu J Y, et al. Plant hormesis induced by ultraviolet light—C for controlling postharvest diseases of tree fruits [J]. Crop Protection, 1996, 15 (2): 129—134.

[15] Swain T. Secondary Compounds as Protective Agents [J]. Annual Review of Plant Physiology, 1977, 28 (1): 479—501.

[16] Tian S, Chan Z. Potential of induced resistance in postharvest diseases control of fruits and vgetables [J]. Acta Phytopathologica Sinica, 2004, 34 (5): 385—394.

[17] 毕阳，郭玉蓉，李永才，等. 冷藏期间三种梨果皮中酚类物质含量及多酚氧化酶活性变化与褐变度的关系 [J]. 制冷学报，2002，23 (4): 52—54.

[18] 曹建康，姜微波. 采后 ASM 诱导处理对鸭梨果实黑霉病的控制 [J]. 园艺学报，2005，32 (5): 783—787.

[19] 曹建康，姜微波. 柠檬酸处理对鸭梨果实贮藏特性的影响 [J]. 食品科技，2005 (10)：84—87.

[20] 曹建康，李庆鹏，姜微波，等. 赤霉素处理对鸭梨果实乙烯代谢和贮藏品质的影响 [J]. 中国农学通报，2008，24 (1)：81—84.

[21] 陈春涛，程卫国，李元，等. 天然防腐剂壳聚糖的研究与应用 [J]. 郑州轻工业学院学报（自然科学版），1998 (1)：1—4.

[22] 陈怀发. 不同水温条件下饥饿对鲫鱼耗氧率的影响 [J]. 黑龙江水产，2011 (6)：1—2.

[23] 陈丽，孙海燕，刘兴华，等. 1 - MCP 在贮藏保鲜中的应用进展 [J]. 安徽农业科学，2006，34 (11)：2508—2509.

[24] 陈天，张皓冰，叶秀莲. 猕猴桃果实采后保鲜技术 [J]. 食品科学，1991 (10)：37—40.

[25] 陈婷，黄新忠，刘鑫铭，等. 钙处理对黄花梨主要贮藏品质指标的影响 [J]. 福建农业学报，2012，27 (7)：728—733.

[26] 邓业成，杨林林，刘香玲，等. 50 种植物提取物对梨褐斑病菌抑菌活性 [J]. 农药，2006，45 (3)：206—208.

[27] 杜子春，李联地，曹运卿，等. 1-甲基环丙烯（1 - MCP）及臭氧对鸭梨室温保鲜效果的影响 [J]. 河北林业科技，2013 (3)：7—10.

[28] 段欣，薛文通，张惠. 高压静电场处理在食品中的应用研究进展 [J]. 食品工业科技，2008 (10)：297—300.

[29] 段玉权，冯双庆，赵玉梅. 1-甲基环丙烯（1 - MCP）对桃果实贮藏效果的影响 [J]. 食品科学，2002，23 (9)：105—108.

[30] 方成泉，林盛华，李连文，等. 我国梨生产现状及主要对策 [J]. 中国果树，2003，(1)：47—50.

[31] 冯波，曾虹燕，袁刚，等. 壳聚糖对葡萄果实的抑菌作用和涂膜保鲜技术 [J]. 福建农林大学学报（自然科学版），2006，35 (1)：98—101.

[32] 冯晓元，孔苗，李文生，等. 中草药提取物对桃褐腐菌抑制作用增效组合筛选 [J]. 中国农学通报，2005，21 (12)：292—294.

[33] 付永琦，陈明，刘康，等. 1 - MCP 二次处理对猕猴桃果实采后生理生化及贮藏效果的影响 [J]. 果树学报，2007，24 (1)：43—48.

[34] 傅利军，姜微波，曹健康. 1 - MCP 对鸭梨贮藏品质和黑心病的影响 [J]. 食品科学，2004，25 (s1)：176—178.

[35] 高敏，张继澍. 1-甲基环丙烯对红富士苹果酶促褐变的影响（简报）[J]. 植物生理学报，2001，37 (6)：522—524.

[36] 高小宽，梁魁景，张志强，等. 三种植物提取物对梨储藏期黑斑病菌抑制作用 [J]. 北方园艺，2018 (2)：161—165.

[37] 龚吉军，唐静，李振华，等. 臭氧与高氧处理对采后草莓品质的影响 [J]. 中南林业科技大学学报，2010，30 (9)：76—80.

[38] 关军锋. $Ca^{2+}$ 对苹果果实细胞膜透性、保护酶活性和保护物质含量的影响 [J]. 植物学报，1999，16 (1)：72—74.

[39] 韩冬芳，马书尚，王鹰，等. 1 - MCP 对新红星苹果乙烯代谢和贮藏品质的影响 [J]. 园艺学报，2003，30 (1)：11—14.

[40] 韩舜愈. 抗氧化剂对金冠苹果衰老型虎皮病的控制效果 [J]. 甘肃农业科学，1996 (3)：36—38.

[41] 韩忠良. 南方梨冷藏保鲜技术 [J]. 浙江农业科学，2012，1 (12)：1702—1704.

[42] 胡文玉，吴姣莲. 壳聚糖的性质和用途及其在农业上的应用前景 [J]. 植物生理学报，1994 (4)：294—296.

[43] 胡晓松，张彤. 水果贮藏保鲜实用技术. 水果保鲜及商品化处理 [M]. 北京：科学普及出版社，1992.

[44] 陈曼丽，朱建国. 蔬菜栽培实用技术 [M]. 呼和浩特：内蒙古教育出版社，2006.

[45] 惠伟，许明宪. 钙及钙调素拮抗剂 CPZ 对柿果实采后生理的影响 [J]. 果树学报，1992，9 (2)：87—92.

[46] 纪淑娟，关莹，李家政，等. 微孔保鲜膜对鸭梨冷藏保鲜效果的影响 [J]. 保鲜与加工，2008，8 (6)：35—38.

[47] 雷思勤，张敏，刘涛，等. 氧硫化碳熏蒸处理对鸭梨贮藏品质的影响 [J]. 西南大学学报（自然科学版），2009，31 (8)：168—172.

[48] 李波，芦菲，余小领，等. 短波紫外线照射对鸡腿菇保鲜的影响 [J]. 农业工程学报，2009，25 (6)：306—309.

[49] 李家政，毕大鹏. 微孔膜包装对鸭梨贮藏品质的影响（英文）[J]. 果树学报，2010，27 (1)：57—62.

[50] 李江阔，纪淑娟，魏宝东，等. 1-MCP 对南果梨冷藏防褐保鲜作用的初探 [J]. 保鲜与加工，2007，7 (4)：7—11.

[51] 李秀根，张绍铃. 世界梨产业现状与发展趋势分析 [J]. 中国果业信息，2006，23 (11)：3—5.

[52] 李正国，El-Sharkawy I，Lelievre J-M. 温度、丙烯和 1-MCP 对西洋梨果实乙烯合成和乙烯受体 ETR1 同源基因表达的影响 [J]. 园艺学报，2000，27 (5)：313—316.

[53] 李志强，汪良驹，巩文红，等. 1-MCP 对草莓果实采后生理及品质的影响 [J]. 果树学报，2006，23 (1)：125—128.

[54] 林琳，姜微波，曹建康，等. 谷胱甘肽处理对采后鸭梨果实黑心病和抗氧化代谢的影响 [J]. 农产品加工（学刊），2006 (8)：4—7.

[55] 刘红霞. 1-MCP，BTH 和 PHC 对桃果（Prunus persica L.）采后衰老的调控作用及诱导抗病机理的研究 [D]. 中国农业大学，2004.

[56] 罗云波，生吉萍. 食品生物技术导论 [M]. 化学工业出版社，2006.

[57] 罗自生. 1-MCP 对柿果实软化及果胶物质代谢的影响 [J]. 果树学报，2004，21 (3)：229—232.

[58] 吕丹娜，许丽，刘正伟. 壳聚糖的生物学作用及在体内代谢的研究进展 [J]. 中国畜牧兽医，2006，33 (8)：15—18.

[59] 孟丽莉. 梨果实营养成分分析及套袋和水杨酸处理的影响 [D]. 河北农业大学，2008.

[60] 潘瑞炽. 赤霉素的生物合成、代谢和作用机理 [M] //余叔文，汤章城. 植物生理与分子生物学. 北京：科学出版社，1998：A39—457.

[61] 彭丽桃，蒋跃明，姜微波，等. 园艺作物乙烯控制研究进展 [J]. 食品科学，2002，23 (7)：132—136.

[62] 千春录，何志平，林菊，等. 热处理对黄花梨冷藏品质和活性氧代谢的影响 [J]. 食品科学，2013，34 (2)：303—306.

[63] 任放，刘涛，李丽，等. 丙酸热水综合处理技术对采后河北鸭梨黑斑病发病率及贮藏品质的影响 [J]. 西南师范大学学报（自然科学版），2014，39 (4)：87—93.

[64] 邵永华，贝耀昌，虞微潮，等. 采用湿冷与臭氧技术对翠冠梨保鲜的研究 [J]. 农产品加工·学刊，2008，(12)：45—49.

[65] 沈东风，孔祥东，贾之慎. 壳聚糖及其衍生物的抗菌活性研究进展 [J]. 海洋科学，2000，24 (7)：28—30.

[66] 石凤. 采前 Ca 和采后 1-MCP 处理对京白梨果实贮藏性的影响及 PG 基因片断克隆 [D]. 中国农业大学，2006.

[67] 史振霞. 柠檬酸对鸭梨贮藏后期微生物数量和品质的影响 [J]. 中国农学通报，2011，27 (31)：260—263.

[68] 苏小军，蒋跃明，张昭其. 1-甲基环丙烯对低温贮藏的香蕉果实后熟的影响 [J]. 植物生理学报，2003，39 (5)：437—440.

[69] 孙贵宝，李鋆. 高压静电场处理黄冠梨的贮藏保鲜试验 [J]. 农机化研究，2009，31 (8)：166—167.

[70] 孙贵宝. 高压静电场对水果保鲜的影响 [J]. 农产品加工，2012 (9)：

8—9.

[71] 孙文泰，赵明新，张玉星. 外源水杨酸对冷藏鸭梨呼吸途径及关键酶的影响 [J]. 河北果树，2011 (5)：5—9.

[72] 孙希生，王志华，李志强，等. 1-MCP对番茄采后生理效应的影响 [J]. 中国农业科学，2003，36 (11)：1337—1342.

[73] 滕斌，王俊. 果蔬贮藏保鲜技术的现状与展望 [J]. 粮油加工与食品机械，2001，1 (4)：5—8.

[74] 滕莉丽，王科军，欧阳小玲. 壳聚糖的制备与应用研究进展 [J]. 赣南师范学院学报，2002 (6)：55—57.

[75] 滕元文，柴明良，李秀根. 梨属植物分类的历史回顾及新进展 [J]. 果树学报，2004 (3)：252—257.

[76] 佟世生，冯双庆，等. 乙醇处理对鸭梨贮藏效果的影响 [J]. 食品工业科技，2002，23 (5)：64—66.

[77] 佟世生，冯双庆，赵玉梅. 乙醇处理对贮藏鸭梨生理病害及品质的影响 [J]. 食品与生物技术，2002，21 (3)：292—295.

[78] 汪跃华，董华强，林银凤，等. 1-MCP对铁炮百合切花保鲜作用的研究 [J]. 浙江农业科学，2003，1 (5)：241—243.

[79] 王贵喜，韩雅珊，于梁. 浸钙对猕猴桃果实硬度变化影响的生化机制. 园艺学报，1995 ，22 (1) ：21—24

[80] 王颉，李里特，丹阳，等. 多胺处理对鸭梨采后生理的影响 [J]. 食品科学，2003，24 (7)：141—145.

[81] 王颉，李里特，丹阳，等. 高压静电场处理对鸭梨采后生理的影响 [J]. 园艺学报，2003，30 (6)：722—724.

[82] 王颉，吴建巍. 气调贮藏对鸭梨果心褐变的影响 [J]. 中国果菜，1997 (2)：8—10.

[83] 王杰，吴少华. 梨历史及产业发展研究 [D]. 福建：福建农林大

学，2011.

[84] 王少敏，高华君. 苹果、梨、葡萄套袋技术 [M]. 中国农业出版社，1999.

[85] 王志华，王文辉，佟伟，等. 1-MCP结合降温方法对鸭梨采后生理和果心褐变的影响 [J]. 果树学报，2011，28 (3)：513—517.

[86] 王晓娅，邓志力. 钙与果实贮藏的关系 [J]. 北方园艺，2002 (1)：50.

[87] 万娅琼，夏静，姚自鸣. 臭氧及负氧离子技术在果蔬贮藏保鲜上的应用 [J]. 安徽农业科学，2001，29 (4)：556—557.

[88] 魏好程，潘永贵，仇厚援. 1-MCP对采后果蔬生理及品质影响的研究进展 [J]. 华中农业大学学报，2003，22 (3)：307—312.

[89] 魏绍冲，李鲜，陈昆松，等. 1-MCP处理对不同成熟度番茄果实Le-ETR4表达的影响 [J]. 园艺学报，2005，32 (4)：620—623.

[90] 吴非，周巍，张秀玲. 壳聚糖膜剂的研制及其对辣椒的保鲜效果 [J]. 中国蔬菜，2003，1 (3)：17—19.

[91] 吴青，孙远明，肖治理，等. 壳聚糖涂层延长荔枝货架寿命的研究 [J]. 食品工业科技，2000，22 (6)：83—85.

[92] 吴友根，陈金印. 壳聚糖在果蔬保鲜上的研究现状及前景 [J]. 食品与发酵工业，2002，28 (12)：52—56.

[93] 肖丽霞，王乔. 壳聚糖在果蔬贮藏保鲜中的应用 [J]. 保鲜与加工，2005，5 (1)：4—6.

[94] 徐晓燕，惠伟，关军锋，等. 臭氧对砀山酥梨采后生理及腐烂效果的影响 [J]. 食品与生物技术学报，2012，31 (6)：628—633.

[95] 闫师杰，梁丽雅，胡小松，等. 不同处理对鸭梨采后颜色变化的影响 [J]. 农业机械学报，2009，40 (6)：120—123.

[96] 闫训友，杜洪利，吕世华，等. 紫外线辅助抗坏血酸钙在鸭梨保鲜中的研究 [J]. 食品科技，2015 (10)：334—338.

[97] 杨孟. 高压静电场处理对采后猕猴桃新鲜度指标影响的研究 [D]. 江西农业大学，2013.

[98] 杨绍兰，王然. 乙酰水杨酸处理对鸭梨果实货架期品质特性的影响 [J]. 中国农学通报，2009，25 (18)：89—92.

[99] 杨绍艳. 臭氧保鲜梨和柿子的应用技术及作用机理研究 [D]. 天津：天津科技大学，2007

[100] 杨士章，徐春仲. 果蔬贮藏保鲜加工大全 [M]. 中国农业出版社，1996.

[101] 杨雪梅，王淑贞，张元湖，等. 贮藏期间高氧处理对鸭梨品质的影响 [J]. 落叶果树，2013，45 (6)：35—38.

[102] 杨震峰，郑永华，冯磊，等. 高氧处理对杨梅果实采后腐烂和品质的影响 [J]. 园艺学报，2005，32 (1)：94—96.

[103] 严振，莫小路，王玉生. 中草药源农药的研究与应用 [J]. 中国中药杂志，2005，30 (21)：1714—1717.

[104] 姚松，姜微波. 超声波结合水杨酸处理对采后鸭梨抗病性影响的研究 [J]. 食品科学，2004，25 (z1)：172—175.

[105] 尹莲. 含金属离子的壳聚糖涂膜剂常温保鲜葡萄的研究 [J]. 食品科学，1998，19 (9)：51—53.

[106] 殷浩，佟万红，刘刚，等. 高氧处理对采后桑葚呼吸强度及其保鲜效果的影响 [J]. 食品工业科技，2015，36 (9)：306—309.

[107] 于建娜，任小林，张少颖. 1-MCP处理对桃冷藏期间品质和生理特性的影响 [J]. 保鲜与加工，2003，3 (2)：16—18.

[108] 袁毅桦，赖兴华. 壳聚糖常温保鲜番茄的研究 [J]. 食品科学，1994，15 (7)：62—65.

[109] 张广华，葛会波，张进献，等. 草莓果实软化机理及调控研究进展 [J]. 果树学报，2001，18 (3)：172—177.

[110] 张俊霞. 梨文化及其开发利用现状研究 [D]. 南京：南京农业大学，2011.

[111] 张倩，李健，曹建康，等. 短波紫外线对鸭梨采后品质及抗病性的影响 [J]. 中国农业大学学报，2009，14 (2)：70—74.

[112] 张瑞娥. 果蔬气调贮藏与冷藏的对比 [J]. 北方农业学报，2015，43 (4)：131—132.

[113] 赵瑞平，黄鑫，王云峰. 贮前二苯胺处理对鸭梨果实的影响 [J]. 北方园艺，2008 (5)：236—238.

[114] 赵瑞平，兰凤英，夏向东，等. 不同温度下气调贮藏对鸭梨果实的影响 [J]. 北方园艺，2005 (2)：70—72

[115] 赵瑞平，王云峰，李育峰. 二苯胺处理对鸭梨果实冷害的影响 [J]. 北方园艺，2009 (6)：203—205.

[116] 郑学勤，宫明波，位绍文，等. 壳聚糖衍生物对苹果和梨的贮藏保鲜效果 [J]. 中国果树，1996 (2)：16—19.

[117] 朱麟，李江阔，张鹏，等. 1-MCP 对鸭梨贮藏期间生理品质变化的影响 [J]. 保鲜与加工，2009，9 (1).

[118] 朱麟. 南果梨、鸭梨贮藏保鲜技术的研究 [D]. 大连工业大学，2009.

[119] 朱文嫱，张秀玲，王娟，等. 1-MCP 处理对鸭梨常温贮藏品质及生理指标的影响 [J]. 食品工业科技，2014，35 (2)：296—299.

[120] 邹良栋. 壳聚糖涂膜常温保鲜草莓试验 [J]. 北方园艺，1999 (4)：24—25.

[121] 祖鹤，潘永贵，陈维信，等. 短波紫外线照射对鲜切菠萝微生物的影响 [J]. 食品科学，2009，30 (17)：67—69.

# 第 2 章　引起鸭梨黑心病发生的因素

## 2.1 引　言

鸭梨于每年 9 月采收后可在低温下贮藏至次年的 4 月至 5 月，市场供应期长。但是，由于鸭梨果实采后极易出现果柄褐变和果心褐变（黑心病），严重影响了鸭梨果实的综合品质和商品价值，并导致巨大的经济损失。因此，褐变已成为鸭梨果实贮藏保鲜中亟待解决的问题。

鸭梨果实发生褐变时首先从果心局部变褐开始，随后逐步发展到整个果心甚至果肉。根据发病期的先后，可将黑心病分为早期黑心病和晚期黑心病。早期黑心病一般发生在果实入库后的 30 d 到 50 d，此时果肉仍没有褐变，只是果心发生不同程度的褐变，属于一种由于突然降温引起的冷害现象；晚期黑心病多发生在果实入库后第二年的 1 月至 2 月，一般认为晚期黑心病与果实的衰老有关（闫师杰等，2010）。

对鸭梨果实黑心病防治措施方面的研究已有不少的报道，这些防治措施大多集中在对采收期、贮藏温度或气体条件的控制方面（孙蕾等，2002）。对气体控制方面的研究表明鸭梨果实对 $CO_2$ 较为敏感，高 $CO_2$ 无论低温还是常温贮藏后，都会造成果实伤害，主要表现为果肉硬化、品质衰败、褐变严重，同时导致琥珀酸、丙氨酸积累，延胡索酸、天冬氨酸减少，进而使呼吸代谢的三羧酸循环系统遭到破坏，使果实正常生命活动难以完成。有害物质的积累会对细胞膜产生伤害，这为多酚与多酚氧化酶的接触提供条件，导致组织产生褐变（闫师杰，2005）。陈昆松等（1992）认为，$CO_2$浓度为5%时会对鸭梨造成伤害，伤害程度随浓度的增加而显著增加。周宏伟等（1993）研究发现自发气调贮藏会使果实内源乙烯迅速上升，组织电导增加，果心褐变溃烂。王颉等（1997）也认为，不适宜的低 $O_2$和高 $CO_2$环境会造成果心褐变。因此鸭梨贮藏过程中，需要对环境的气体条件进行准确的控制。

## 2.2 鸭梨黑心病的影响因素

### 2.2.1 多酚氧化酶的酶促褐变

果实贮藏过程中的组织褐变是酚类酶促氧化的结果。组织中多酚氧化酶（PPO）、酚类化合物还有氧气是组织发生褐变的三大先决条件（鞠志国和朱广廉，1988）。其中组织中 PPO 活性和酚类物质的含量是决定组织褐变程度的重要因素。中科院北京植物所研究表明，酚类物质的酶促褐变是造成鸭梨褐变的生理生化原因，即 PPO 在有氧条件下可将酚类物质氧化为醌，进而使组织发生褐变。很多资料表明，PPO 活性与组织褐变有密切的关系（中国科学院北京植物研究所鸭梨黑心病研究小组，1974）。

代谢产物的区域性分布是植物自我保护的方式之一，鞠志国等（1988）对莱阳梨的研究证明，酚类物质主要储藏在液泡中，而正常组织中 PPO 存在于细胞质中，这种区域性的分布阻止了果实中酚类物质和酶的直接接触，避免了酶促褐变反应的发生。因而很多研究者认为梨果实组织褐变的前提可能是细胞膜结构的破坏。当细胞受到环境因子胁迫后，生物膜结构会遭到破坏，PPO 和酚类物质的这种区域化分布会被打破，底物在酶的作用下氧化为醌，醌类物质经氧化进而引起褐变（郝利平和寇晓虹，1998）。

### 2.2.2　膜脂过氧化作用

膜脂质过氧化是组织衰老和损伤的重要原因之一。胁迫条件下清除活性氧自由基的保护酶活性下降，活性氧自由基积累，导致膜脂过氧化加剧，造成细胞膜系统破坏进而引起组织褐变。超氧化物歧化酶（SOD）和过氧化氢酶（CAT）是植物体内重要的自由基清除剂，两者共同作用，可有效清除超氧自由基，维持细胞的完整性，有利于果实的长期贮藏（闫师杰，2005）。鸭梨在冷藏过程中，SOD、CAT 以及过氧化物酶（POD）等清除自由基的相关酶的活性下降，及膜脂过氧化产物——丙二醛（MDA）和过氧化氢（$H_2O_2$）含量的增加，与褐变的发生有密切的关系（闫师杰，2005）。POD 是与衰老有关的酶，它的活性可以间接说明细胞膜脂过氧化程度。鸭梨在贮藏期间果肉中 POD 活性较高，POD 可促进鸭梨的衰老和过氧化作用，张华云等（1991）由此认为这可能是鸭梨褐变发生的主要原因。关军锋（1994）的研究表明，当鸭梨衰老时，MDA 含量和质膜通透性都会增加。膜脂过氧化加剧是鸭梨衰老的一个重要因素。伴随着梨中的抗坏血酸、谷胱甘肽等物质含量下降，SOD、CAT 活性下降，$H_2O_2$积累，果心开始褐变，果心褐变可能与果实中能够利用的能量太少有关，能量太低不能产生足够的抗氧化剂及时清除这些氧自由基（Veltman RH et al，2003；Lentheric I et al，1999）。Brennan 等（1977）也认为 $H_2O_2$ 参与了梨果实衰老，低温下果实中较高的 CAT 活性，可减少 $H_2O_2$ 伤害。同时，抗坏血酸氧化酶（APX）是果实呼吸末端的一种酶，在果实衰老与褐变中同样具有重要的作用（关军锋，1994）。

### 2.2.3 气体伤害

贮藏环境中气体条件对果实品质影响很大，一般认为，高 $CO_2$ 浓度和低 $O_2$ 浓度能抑制果实呼吸作用，延缓果实衰老。但 $CO_2$ 浓度超出果实正常承受范围时则发生伤害。王纯等（1981）指出 $CO_2$ 伤害可导致鸭梨黑心病发生。鞠志国（1988）报道对莱阳梨气调贮藏，在 $O_2$ 浓度相同的条件下，$CO_2$ 浓度越高，果实组织褐变发生得越早，褐变程度也越严重。之前有研究对鸭梨、雪花梨、京白梨进行短期高 $CO_2$ 处理，结果表明鸭梨对 $CO_2$ 最敏感，当 $CO_2$ 浓度为 5%时，伤害现象开始出现，随着 $CO_2$ 浓度的增加，伤害程度逐渐增加；同时研究发现，鸭梨和雪花梨最初的伤害表现部位明显不同，前者先出现于果心，后者先发生于果肉。鸭梨果实于 5%～7% $O_2$ 和 0.6%～3.0% $CO_2$ 环境中贮藏 50 天，果心组织出现不同程度的褐变（陈昆松等，1989；陈昆松等，1991）。后续的研究表明，采用 5%～10% $CO_2$ 处理果实两周，即可观察到鸭梨果心组织发生严重的褐变（陈昆松等，1992）。王颉等（1997）的研究也表明果心褐变是由于不适宜的低 $O_2$ 和高 $CO_2$ 造成的，在 $O_2$ 浓度不低于 16%的情况下，鸭梨果实可以长期耐受 3%左右的 $CO_2$ 而不至于造成果心褐变。当 $CO_2$ 浓度高于 7%时，果心褐变程度显著增加。这种低 $O_2$ 和高 $CO_2$ 伤害在别的梨品种上表现也很明显，对于西洋梨而言，当 $CO_2$ 达到 1%以上时，即可引起梨果实的褐变（Blanpied GD，1975）。另外低 $O_2$ 和高 $CO_2$ 还会导致 Conference 梨果实黑心，Conference 梨和 Packham Trinmph 梨香味成分丧失（Verlinden B et al，2002；Chervin C et al，2000）。

关于低 $O_2$ 高 $CO_2$ 伤害机理，目前已有相关研究表明，乙醛、乙醇分子均可导致苹果的组织褐变，且乙醛的作用更明显；不管 $O_2$ 的浓度如何，高浓度的 $CO_2$ 都能导致乙醛和乙醇的积累，造成组织伤害。正常的果实中琥珀酸只有少量存在，而受 $CO_2$ 伤害的组织中积累了大量的琥珀酸。琥珀酸的大量积累可能是由于 $CO_2$ 抑制了琥珀酸脱氢酶的活性（鞠志国和朱广廉，1988）。

高 $CO_2$ 处理会引起巴梨线粒体、质体和液泡膜等结构的变化（鞠志国和朱广廉，1988）。陈昆松等（1991）指出高浓度 $CO_2$ 向果实细胞内扩散，使细胞内积累过量的 $CO_3^{2-}$，与 $Ca^{2+}$ 结合形成 $CaCO_3$，$Ca^{2+}$ 具有维持细胞膜完整性的功能，其含量的减少导致内膜系统紊乱，会导致黑心病的发生。Saquet 等（2003）提出梨果实在低 $O_2$ 高 $CO_2$ 环境中褐变，是由于发酵产物和膜透性提高而引起的能量缺乏、结构破坏所致。

### 2.2.4　组织结构不利

细胞是生物体最基本的结构和功能单位，在探索生命现象本质的过程中，研究细胞及其超微结构和功能将是果蔬保鲜领域中一个重要的内容（韩贻仁，2001）。近年来，对梨超微组织结构的观察已有部分研究（田长河等，2005）。霍君生、张华云等对莱阳梨和鸭梨果实贮藏特性与组织结构关系进行了研究，结果表明鸭梨果实果皮致密、角质层厚、胞间隙小，造成氧气通透受阻，使 $CO_2$、乙醛和乙醇积累，进而对细胞造成伤害导致果实褐变（霍君生等，1995；张华云和王善广，1991）。刘兴民等（1989）研究表明，在褐变的细胞中，大部分细胞的细胞质已经收缩，而正常组织细胞中没有这种变化，推测鸭梨果实褐变是由于维管束组织收缩而引起水分蒸发，导致细胞质浓缩及质壁分离，使酶与底物有更多机会进行相互作用，从而加速了果实褐变。这些观察结果从微观角度揭示了梨果实采后品质变化的机理。

## 2.3 鸭梨多酚氧化酶的酶学特性①

一般认为，褐变是由多酚氧化酶（PPO）在有氧条件下氧化酚类物质引起的酶褐变（Lin 等，2006）。因此，研究鸭梨 PPO 的酶学性质，对于揭示黑心病发生机制，防止褐变具有重要意义。

### 2.3.1 pH 对鸭梨果实 PPO 活性的影响

鸭梨果实 PPO 活性在 pH 为 6.0 时达到最大，pH 升高或降低，PPO 活性均有所下降，尤其是随着 pH 的升高，PPO 活性迅速下降（图 2—1）。pH 为 8.0 时，相对活性仅为最大时的 12.7%，而 pH 为 4.0 时，PPO 相对活性为 91.5%，说明鸭梨 PPO 可能对碱性环境更为敏感。这可能是由于 PPO 是以铜为辅基的酶，在碱性条件

① 本部分内容为作者实验结果，部分发表于《食品科学》。李健，徐艳聪，黄美，等. 鸭梨果实多酚氧化酶酶学特性 [J]. 食品科学，2013，34（15）：154—157.

下，铜离子可以生成不溶的氢氧化铜，使酶蛋白的空间结构发生改变，从而抑制了酶的活性（Wang JH et al，2007）。因此，表明鸭梨果肉 PPO 的最适 pH 为 6.0。

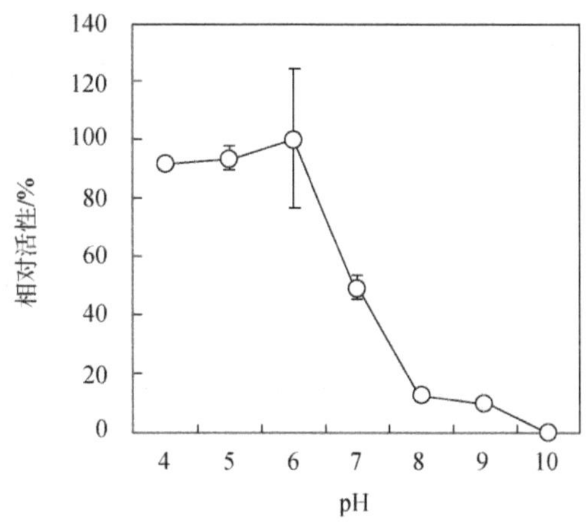


图 2－1　pH 对鸭梨果实 PPO 活性的影响

### 2.3.2　鸭梨果实 PPO 的热稳定性

高温可以使蛋白质变性，从而使酶失活。鸭梨果实 PPO 的热稳定性如图 2－2 所示，随着加热时间的延长，PPO 活性不断降低。PPO 在 50 ℃、60 ℃和 70 ℃，具有很好的热稳定性，70 ℃加热 30 min 相对活性仍然保持在 40％以上。当温度升高至 80 ℃时，加热 10 min，活性降低为 9％，加热 20 min，可以将 PPO 基本灭活。在实际生产过程中，可通过高温短时处理，抑制 PPO 的活性，防止褐变的发生（Wang M et al，2008）。

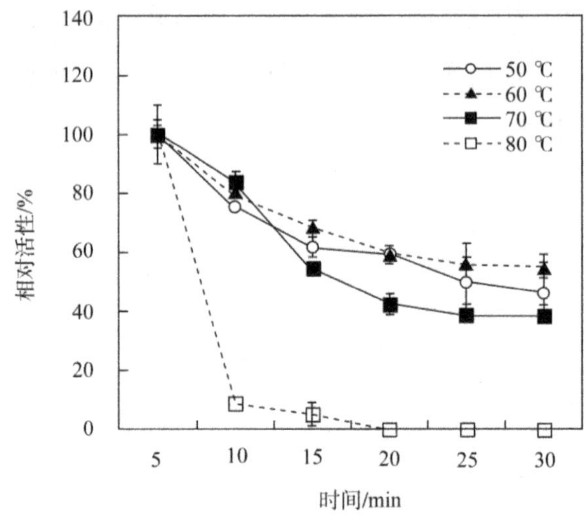


图 2—2　鸭梨果实 PPO 的热稳定性

### 2.3.3　抑制剂对鸭梨果实 PPO 活性的影响

体外实验表明，当抗坏血酸浓度大于 0.5 nmol/L 时，PPO 的抑制率接近 100％［图 2—3（a）］。抗坏血酸对 PPO 的抑制作用可能有两个方面的原因，一方面抗坏血酸可以螯合铜离子，从而直接抑制了 PPO 的活性；另一方面抗坏血酸作为还原剂可以与邻苯二酚氧化生成的中间产物邻二醌作用，生成稳定的无色化合物邻二酸和脱氢抗坏血酸，防止了中间产物进一步聚合成黑色素（王建晖，2006；张福平等，2010）。然而抗坏血酸的使用不当还可能会增加褐变的发生，这主要是由于抗坏血酸在果蔬组织中还会与氨基酸反应。此外，在高温条件下，抗坏血酸会发生氧化形成酮化合物，反而会引起褐变的发生（张国庆等，2011）。L -半胱氨酸是一种还原剂，大于 0.5 mmol/L 时，PPO 的抑制率接近 100％，L -半胱氨酸对 PPO 具有很好的抑制效果，这一点与邱龙新等人的研究结果类似（邱龙新等，2006）。L-半胱氨酸为天然存在的氨基酸，不存在食品安全问题，在实际生产中可以考虑使用其预防鸭梨的褐变。结果显示添加 1 mmol/L 甘氨酸的 PPO 仅仅被抑制了 10.9%，当浓度增加到 25 mmol/L 时，抑制率才达到 60.4%。甘氨酸对 PPO 的抑制效果不如抗坏血酸和 L-半胱氨酸。

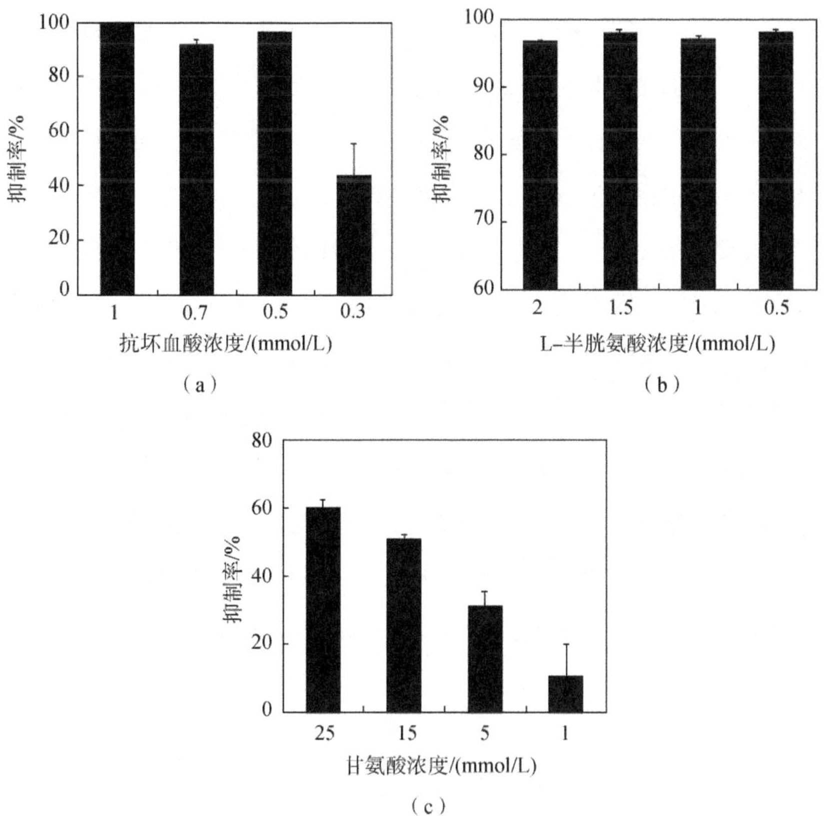


图 2-3　抑制剂对鸭梨果实 PPO 活性的影响

### 2.3.4 激活剂对鸭梨果实 PPO 活性的影响

以前的研究结果表明，SDS 可以提高葡萄的 PPO 活性（Fortea MI et al，2009），25 mmol/L 的 SDS 可以使鸭梨果实 PPO 活性增强 300%以上。随着浓度的下降，对 PPO 的激活效果并没有显著性差异。这可能是由于 SDS 可以使 PPO 的构象发生轻微变化，从而显著增强了 PPO 的活性（孙静等，2011）。

如图 2—4（b）所示，添加 10 mmol/L 的尿素可以使 PPO 活性增强，然后随着浓度的增加，增强效果有所减弱，10 mmol/L 的尿素仅使鸭梨果实 PPO 增强了 45.7%。尿素对果实 PPO 的激活作用同样在菜豆中得到发现（李雯妮等，2011）。

PPO 酶是一种含铜离子的酶，适当的铜离子浓度有助于提高 PPO 的活性。同时铜离子可以通过静电稳定、屏蔽负电荷等途径参加到氧化还原反应中，从而增强 PPO 的催化能力（王建晖，2006；刘静等，2012）。氯化铜对鸭梨果实 PPO 活性的影响如图 2—4（c）所示，0.1 mmol/L 的氯化铜可以提高鸭梨果实 PPO 活性 28.2%，随着浓度的增加，PPO 活性的增加也不断提高。氯化钙和氯化镁这样的二价金属离子可以同样激活 PPO 的活性，因此在加工过程中应避免果实受到金属离子的污染（Mayer AM，2006）。

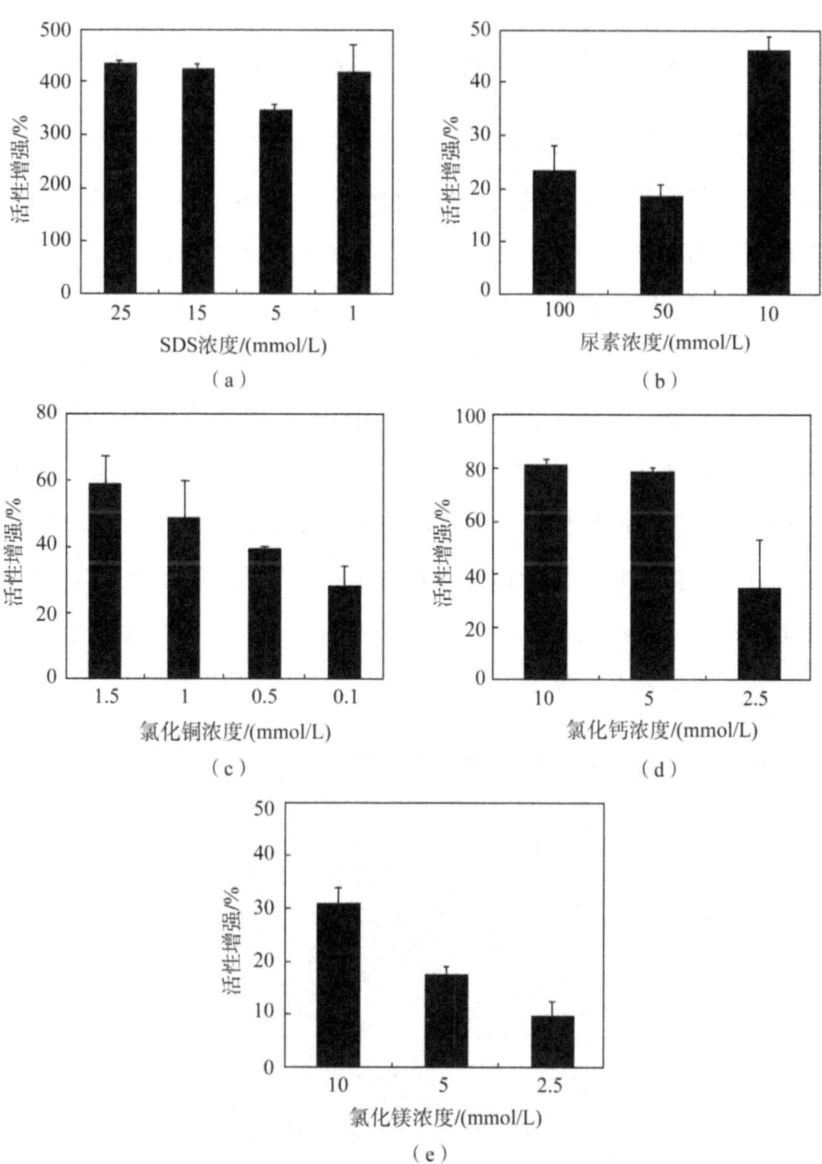


图 2—4　激活剂对鸭梨果实 PPO 活性的影响

## 2.4 鸭梨果实多酚氧化酶特性的电泳分析

多酚氧化酶是一类广泛存在于植物体内的含铜的金属酶，是引起水果蔬菜褐变的主要酶类（Coseteng and Lee，1987）。在水果蔬菜贮藏、加工过程中，褐变作用会严重影响产品的色泽、香气、风味及其营养成分（Halim and Montgomery，1984；Santerre et al，1988）。所以，PPO 活性的控制成为现代研究的热点问题。通过分光光度法测定样品总体的活性变化，得到的实验结果是多种 PPO 的综合反应，而缺乏对不同 PPO 同工酶特性的了解。在最近一些年的研究中，有人应用凝胶电泳技术分析蛋白酶活性，这种技术可以在电泳胶片上直接分析不同蛋白酶活性。本小节内容呈现了使用常规的凝胶电泳技术分析鸭梨 PPO 的酶学的特性，该部分内容是实验室所做结果，为首次公开报道。

### 2.4.1 温度对鸭梨 PPO 同工酶活性的影响

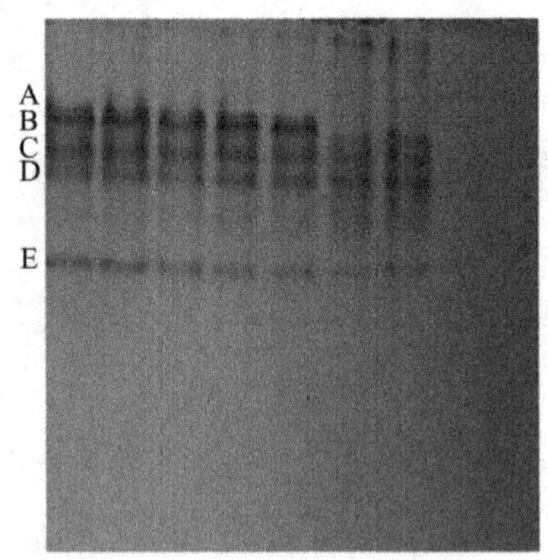


图 2—5 凝胶电泳方法分析温度对鸭梨 PPO 同工酶的影响

用凝胶电泳方法分析温度对鸭梨 PPO 同工酶的影响，如图 2—5 所示。酶液不经过任何处理和分别在 30 ℃、40 ℃、50 ℃、60 ℃、70 ℃、80 ℃、90 ℃和 100 ℃水浴中保温 10 min 后，30 ℃水浴与对照酶活性基本不变；40 ℃、50 ℃和 60 ℃水浴 10 min 后，PPO - A、B、C、D 酶活性基本不变，但是同工酶 E 酶活性逐渐减弱；70 ℃和 80 ℃水浴 10 min 后，PPO - C、D、E 酶活性减弱，但是 A、B 已经失去活性；90 ℃和 100 ℃水浴 10 min 后所有同工酶全部失活。由此可知，酶液在 30 ℃水浴 10 min 后酶活性最大，PPO - E 受热程度低于同工酶 PPO - C、D 但高于 PPO - A、B。从实验结果来看，这与用分光光度计法测温度对 PPO 酶活性结果基本一致。

### 2.4.2　不同抑制剂对鸭梨 PPO 同工酶活性的影响

对不同浓度的抗坏血酸、L -半胱氨酸和甘氨酸进行研究，结果如图 2—6、2—7 和图 2—8 所示。抗坏血酸的抑制效果最好，对 PPO - A、B、C、D、E 均能起到较好的抑制效果，并且抗坏血酸的浓度越大抑制效果越好。目前 L -半胱氨酸的抑制机理尚有争议，早期学者认为 L -半胱氨酸的- SH 基与 PPO 活性中心的铜配位而抑制其活性（Dawson and Magee，1955），后来有报道认为酶促反应产生的醌直接与 L -半胱氨酸结合形成无色化合物（Richard - Forget et al，1991），还有学者认为这两种机制并存（Robert and Cadet，2010）。因此，对于 L -半胱氨酸抑制 PPO 的机理有待于进一步研究。甘氨酸抑制 PPO 活性的效果不是很明显，反而有一定的激活作用。

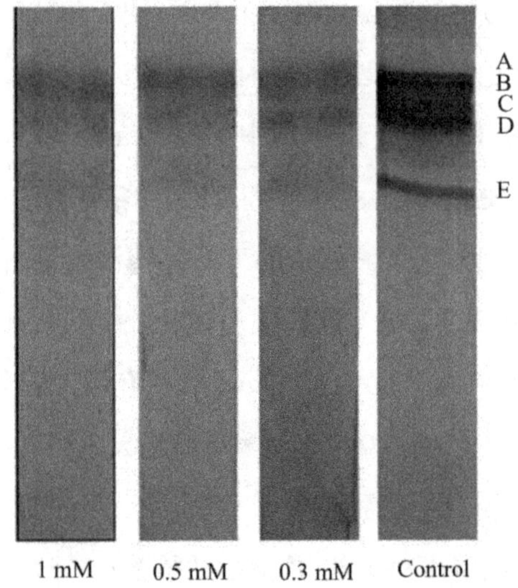


图 2—6　抗坏血酸对鸭梨 PPO 同工酶的影响

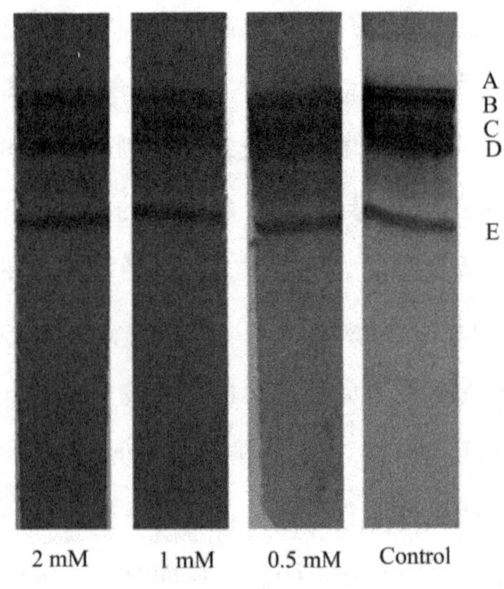


图 2—7　L-半胱氨酸对鸭梨 PPO 同工酶的影响

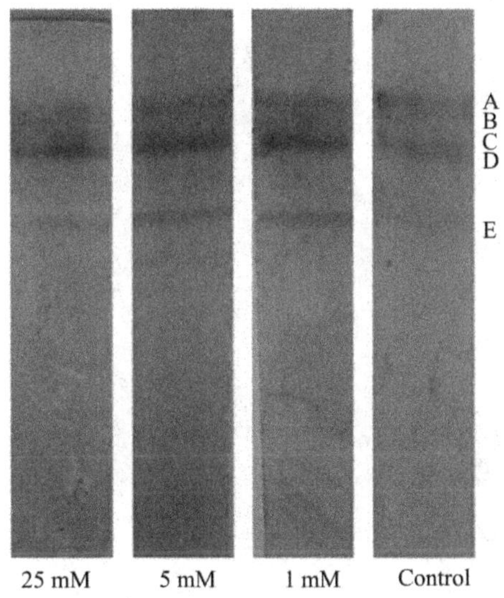


图 2—8　甘氨酸对鸭梨 PPO 同工酶的影响

### 2.4.3　不同激活剂对鸭梨 PPO 同工酶活性的影响

以邻苯二酚为底物，染色液中分别加入不同浓度的氯化铜、氯化钙、氯化镁和氯化铁进行染色。氯化铜在浓度 2.5 mM 时明显能激活 PPO 活性，但 5 mM 和 10 mM 浓度的氯化铜激活作用不如 2.5 mM 浓度的氯化铜，所以应用氯化铜激活剂时使用较低的浓度可很好地激活酶的活性（图 2—9）。如图 2—10 所示，不同浓度的氯化钙对 PPO 活性的影响不同，5 mM 和 2.5 mM 浓度的氯化钙均能增强 PPO - A、B 活性，10 mM 浓度的氯化钙能激活 PPO - A 活性。如图 2—11 和图2—12 所示，不同浓度的氯化镁和氯化铁都能很有效地激活 PPO 的活性。

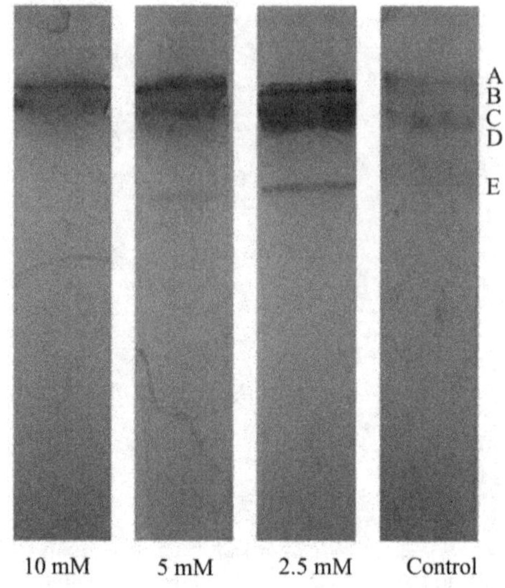


图 2—9　氯化铜对鸭梨 PPO 同工酶的影响

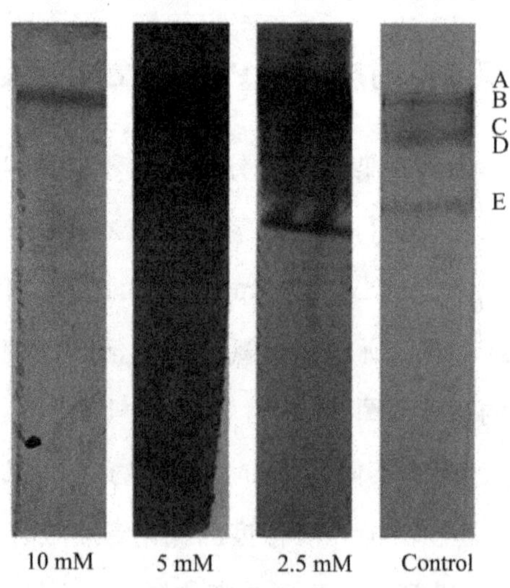


图 2—10　氯化钙对鸭梨 PPO 同工酶的影响

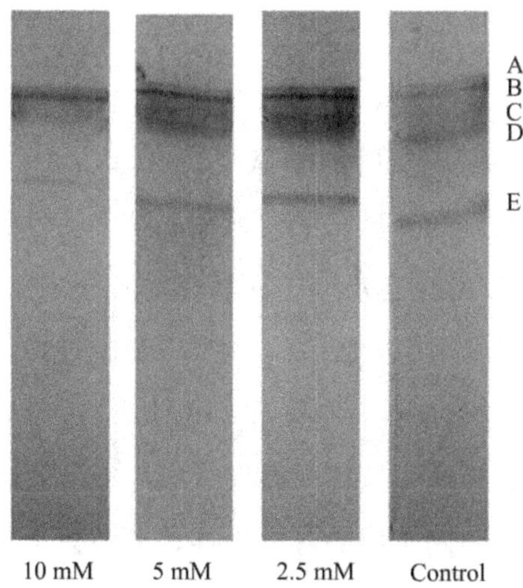


图 2－11　氯化镁对鸭梨 PPO 同工酶的影响

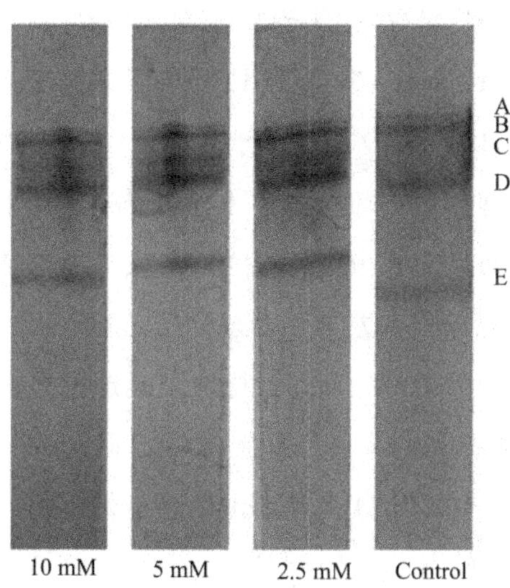


图 2－12　氯化铁对鸭梨 PPO 同工酶的影响

### 2.4.4 讨论

目前关于植物组织中的多酚氧化酶（PPO）特性的研究较多，大多仅局限于通过分光光度法测定样品总体的活性变化，得到的实验结果是多种 PPO 的综合反应，而缺乏对不同 PPO 同工酶特性的了解。本研究中对常规的凝胶电泳分析 PPO 活性方法进行改进来检测 PPO 的活性。与分离纯化后对单一的 PPO 进行分析相比，聚丙烯凝胶电泳技术无须纯化就可以在同一胶片上针对各种同工酶进行特性分析，明确不同同工酶的各自特性，只需数十微升就可以得到清晰的图谱。

凝胶电泳法检测 PPO 特性所得结果与上一节分光光度计检测结果基本类似。凝胶电泳法检测 PPO 在对照组和 30～100 ℃下的活性，在 30 ℃其活性最大，30 ℃是 PPO 的最适温度。但凝胶法测定时，90 ℃和 100 ℃下 PPO 失活，分光光度计法测定时 80 ℃下 PPO 已经失活。对于抑制剂抗坏血酸，两种研究方法结果一致——抑制效果较为理想，而且随着浓度的增大抑制效果越来越好。但对于抑制剂甘氨酸的研究却稍有差异，通过分光光度计法测定时，甘氨酸的浓度越大抑制效果越好，而通过电泳法测定不同浓度的甘氨酸抑制 PPO 活性效果不理想，反而能激活 PPO 同工酶的活性。激活剂氯化铜在 2.5 mM 和 5 mM 两种浓度下激活作用明显，与在分光光度计法小于 1.5 mM 浓度范围内测定氯化铜对 PPO 活性的激活作用一致，但10 mM 浓度的氯化铜激活作用反而降低。

## 参考文献

[1] Blanpied GD. Pithy brown core occurrence in "Bosc" pears during controlled atmosphere stogare [J]. J. Amer Sci. Hort. Sci., 1975, 100 (1): 81—84.

[2] Brennan, T, Frenkel C. Involvement of hydrogen peroxide in the regulation of senescence in pear [J]. Plant Physiol, 1977 (59): 41—46.

[3] Chervin C, SPeirs J, Loveys B, et al. Influence of low oxygen on aroma compounds of whole pears and crushed pear flesh [J]. Postharvest Biology and Technology, 2000 (19): 279—285.

[4] Coseteng M Y, Lee C Y. Changes in apple polyphenoloxidase and polyphenol concentrations in relation to degree of browning [J]. Journal of Food Science, 2010, 52 (4): 985—989.

[5] Dawson C R, Magee R J. Plant tyrosinase (polyphenol oxidase) [J]. Methods in Enzymology, 1955 (2): 817—827.

[6] Fortea MI, Lopez-Miranda S, Serrano-Martnez A. Kinetic characterisation and thermal inactivation study of polyphenol oxidase and peroxidase from table grape [J]. Food Chemistry, 2009 (113): 1008—1014.

[7] Halim D H, Montgomery M W. Polyphenol oxidase of d'anjou pears (Pyrus communis L.) [J]. Journal of Food Science, 2010, 43 (2): 603—608.

[8] Lentheric I, Pinto E, Vendrerll M, et al. Harvest date affects the antioxidative systems in pear fruits [J]. Journal of Horticultural Science & Biotechnology, 1999, 74 (6): 791—795.

[9] Mayer AM, Harel E. Polyphenol oxidase in plants [J]. Phytochemistry, 1979 (18): 193—215.

[10] Mayer AM. Polyphenol oxidases in plants and fungi: Going places? A review [J]. Phytochemistry, 2006 (67): 2318—2331.

［11］ Richard F C，Goupy P M，Nicolas J J，et al. Cysteine as an inhibitor of enzymatic browning. 1. Isolation and characterization of addition compounds formed during oxidation of phenolics by apple polyphenol oxidase ［J］. J Agric Food Chem，1991，39（5）：841－847.

［12］ Robert C，Cadet F. The inhibition of studies on polyphenoloxidase by cysteine ［J］. Biochemical Education，2010，24（3）：157－159.

［13］ Santerre C R，Cash J N，Vannorman D J. Ascorbic acid/citric acid combinations in the processing of frozen apple slices ［J］. Journal of Food Science，2010，53（6）：1713－1716.

［14］ Saquet A A，Streif J，Bangerth F. Energy metabolism and membrane lipid alterations in relation to brown heart developmet in 'Conference' pears during delayed controlled atmosphere storage ［J］. Postharvest Biology and Technology，2003（30）：123－132.

［15］ Veltman R H，Lentheric L H W，Vander P，et al. Internal browning in pear fruit（Pyus communist L. cv. Conference）may be a result of limited availability of energy and antioxidants ［J］. Postharvest Biology and Technology，2003（28）：295－302.

［16］ Verlinden B，Jager A，Lammertyn J，et al. Effect of harvest and delaying controlled atmosphere storage conditions on core breakdown incidence in 'Conference' pear ［J］. Biosystems Engineering，2002，83（3）：339－347.

［17］ Wang J H，Jiang W B，Wang B G，et al. Partial properties of polyphenol oxidase in mango ［J］. Journal of Food Biochemistry，2007（31）：45－55.

［18］ Wang M，Sun J，Feng W H，et al. Identification of a ripening－related lipoxygenase in tomato fruit as blanching indicator enzyme ［J］. Process Biochemistry 2008（43）：932－936.

［19］ 陈昆松，于梁，周山涛. 鸭梨、雪花梨、京白梨采后主要生理变化及

其短期高 $CO_2$ 处理的反应［M］//. 全国食品贮运保鲜学术讨论会论文集. 北京：中国科学技术出版社，1989，335—341.

［20］陈昆松，于梁，周山涛. 鸭梨果实气调贮藏过程中 $CO_2$ 伤害机理初探［J］. 中国农业科学，1991，24（5）：83—88.

［21］陈昆松，于梁，周山涛. 雪花梨和鸭梨果实贮藏特性的比较［J］. 植物生理学通讯，1992，28（6）：428—430.

［22］关军锋. 采后鸭梨衰老与膜脂过氧化作用［J］. 沈阳农业大学学报，1994，25（4）：418—421.

［23］韩贻仁. 分子细胞生物学（第二版）［M］. 北京：科学出版社，2001.

［24］郝利平，寇晓虹. 梨果实采后果心褐变与细胞膜结构变化的关系［J］. 植物生理学通讯，1998，34（6）：471—474.

［25］霍君生，李新强，伶代言，等. 鸭梨果心褐变过程中细胞结构及细胞内膜微黏度的变化［M］// 中国科协第二届青年学术年会园艺学论文集. 北京：北京农业大学出版社，1995，681—686.

［26］鞠志国，朱广廉，曹宗巽. 莱阳梨果实褐变与多酚氧化酶及酚类完整区域化分布的关系［J］. 植物生理学报，1988，14（4）：356—361.

［27］鞠志国，朱广廉. 水果贮藏期间的组织褐变问题［J］. 植物生理学通讯，1988，(4)：46—48.

［28］李雯妮，赵秀文，田维娜. 菜豆豆荚多酚氧化酶的酶学特性研究［J］. 食品科学，2011，32，(17)：269—272.

［29］林琳，姜微波，曹建康等. 谷胱甘肽处理对采后鸭梨果实黑心病和抗氧化代谢的影响［J］. 农产品加工，2006，(8)：4—7.

［30］刘静，钱建亚，李成良，等. 芡实多酚氧化酶的酶学性质［J］. 食品科学，2012，33（7）：176—181.

［31］刘兴民，李文海，康俊卿，等. 鸭梨黑心病发病机理的研究［J］. 华北农学报，1989（增刊）：182—186.

[32] 邱龙新，黄浩，陈清西. 半胱氨酸对马铃薯多酚氧化酶的抑制作用[J]. 食品科学，2006，27 (4)：37－40.

[33] 孙静，沈瑾，曹冬冬，等. 红熟番茄果实多酚氧化酶酶学特性 [J]. 农业工程学报，2011，27 (s2)：253－257.

[34] 孙蕾，王太明，乔勇，等. 果实褐变机理及研究进展 [J]. 经济林研究，2002，20 (2)：92－94.

[35] 田长河，饶景萍，侍朋宝. 果实超微结构研究进展 [J]. 陕西农业科学，2005，(3)：103－105.

[36] 王纯，朱江. 防止鸭梨黑心病 [J]. 食品科学，1981，29 (6)：39－43.

[37] 王建晖. 涂膜对芒果常温贮藏品质、生理生化的影响及果实 PPO 酶学特性、分离纯化的研究 [D]. 北京：中国农业大学：2006.

[38] 王颉，吴建巍. 气调贮藏对鸭梨果心褐变的影响 [J]. 中国果品研究，1997 (2)：7－9.

[39] 闫师杰，梁丽雅，陈计峦，等. 降温方法对不同采收期鸭梨采后果心褐变和膜脂组分的影响 [J]. 农业工程学报，2010，26 (8)：356－360.

[40] 闫师杰. 鸭梨采后果实褐变的影响因素及发生机理的研究 [D]. 北京：中国农业大学，2005.

[41] 张福平，张喜春. 佛手瓜多酚氧化酶酶学特性研究 [J]. 食品科学，2010，31 (1)：161－164.

[42] 张国庆，董明，李娜，等. 宣木瓜多酚氧化酶酶学特性与抑制剂研究 [J]. 食品科学，2011，32 (10)：288－291.

[43] 张华云，王善广. 梨果实贮藏性与果实组织结构关系的研究 [J]. 莱阳农学院学报，1991，8 (4)：276－279.

[44] 中国科学院北京植物研究所鸭梨黑心病研究小组. 鸭梨黑心病的研究 II：酚类物质的酶促褐变 [J]. 植物学报，1974，16 (3)：235－241.

[45] 周宏伟，束怀瑞，吴耕西. 高 $CO_2$ 和低 $O_2$ 对鸭梨褐变的诱导 [J]. 山东农业大学学报，1993，24 (4)：400－404.

# 第3章　鸭梨黑心病的无损检测

## 3.1 引　言

鸭梨在贮藏期间内部会发生褐变（也称为黑心病），大部分果实的外核在病变初期会出现褐色斑块，当褐色病斑逐渐扩展到整个果心时，果肉部分也会产生褐变。鸭梨黑心病是果实采后贮藏过程中经常发生的一种生理病害现象，果实的这种逐步褐变从外表上很不易看出，但病果色泽和风味会受到影响，褐变率超过2%的话就会严重影响产品的销售（Khatiwada et al，2016），发生严重褐变时果实不能食用（刘文生等，2006）。在检测过程中，鸭梨常被切片进行黑心病调查，这样就会对其产生不可逆的破坏作用，引起巨大浪费（表3—1）。

表3—1　贮藏后期鸭梨质量分级（韩东海等，2005）

| 品质分级 | 一级 | 二级 | 三级 | 四级 |
|---|---|---|---|---|
| 褐变面积占比（%） | 0～10 | 10～20 | 20～40 | 40～100 |
| 各品质等级感官描述 | 几乎无褐变；果心壁内微褐变，但不超过果心壁 | 果心褐变，但是褐变范围不超过果核 | 果心完全褐变，果肉有轻微褐变 | 果心完全褐变，果肉褐变非常严重 |

近年来，农产品品质无损检测（Nondestructive Determination Techonologies，NDT）应运而生，这种检测新技术不会破坏产品的组织结构，但可以对其内在品质和外在品质进行评价。由于农产品内部结构的变化或缺陷的存在，会引起农产品对热、声、光、电、磁等相关特性的改变，进而可以通过检测农产品的各种物理特性，间接表征各种农产品的内部结构变化和表面缺陷（刘静，2007）。目前已经发展了多种可用于鸭梨黑心病检测的无损检测技术，根据各种检测技术原理上的差异，可分为利用机械特性、光电特性、声波特性、机器视觉技术、电子鼻技术及核磁共振等分析技术。其中，基于水果光学特性的品质无损检测技术是近年来发展较快且应用效果较为显著的一种技术，如光谱分析技术、机器视觉技术和射线检测技术等（周水琴，2013）。

## 3.2 常用无损检测技术概述

### 3.2.1 近红外光谱检测技术

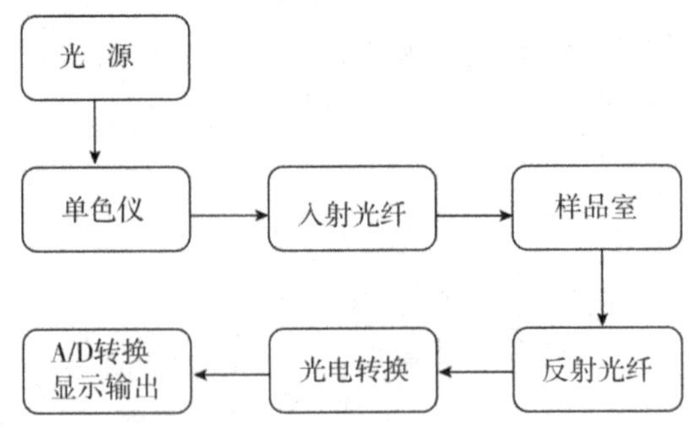


图 3—1 光特性检测系统图（应义斌，刘燕德，2003）

近红外光是一种电磁波，它的波长在 760～2 500 nm 范围内，介于可见光谱区（简称 VIS）和中红外光谱区（简称 MIR）之间，其波数范围是 12 820～3 959 $cm^{-1}$。1800 年，英国物理学家 Herschel W 最早将其发现，然而由于当时技术水平有限、实验条件简陋，限制了近红外光谱技术的发展，由此近红外光谱区曾一度被称为“被遗忘的谱区”。直到 20 世纪 60 年代，电子技术、光学和计算机技术的发展以及化学计量学的应用，使从复杂、重叠、变动的近红外光谱（波长范围 0.75～2.5 $\mu$m）背景中提取微弱信息成为一种可能，进而形成了近红外光谱分析方法（陈志远，2007）。近红外（Near Infrared Spectroscopy，NIRS）光谱分析技术可分为近红外反射光谱技术（Near Infrared Reflectance，NIR）和近红外透射光谱技术（Near Infrared transmittance，NIT）两种（图 3－2）。

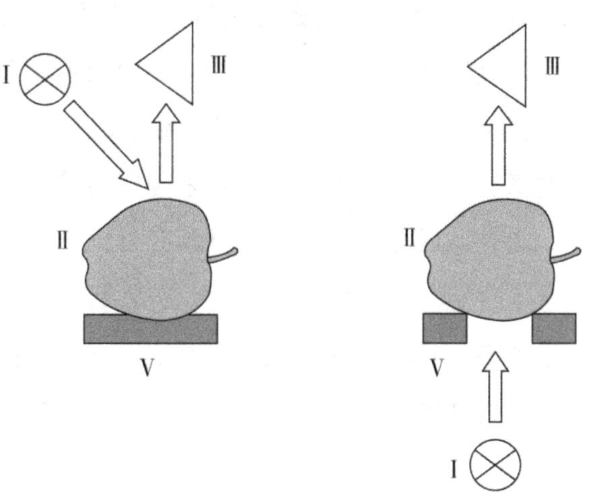


（a）近红外反射光谱　　（b）近红外投射光谱

图 3－2　两种近红外光谱技术（韩东海和王加华，2008）

近红外光谱的主要信息涉及物质内部组分（包括O—H、C—H、N—H等）对近红外光的倍频与组合频吸收（王蒙，2014），而且这其中包含了大部分有机物的组成和分子结构的相关信息。各种有机物分别自带不同的基团，相应地，不同基团所具有的能级也不尽相同，另外，即使是同一基团，由于物理化学环境不同，对近红外光的吸收波长有显著差异。因此，近红外光谱具有十分丰富的结构信息和组成信息（王铭海，2013）。

农产品都具有一定的光谱特征，近红外光谱检测及分析得到的光谱图能够评价被测农产品的品质如何。光与农产品的相互作用过程中，会有一束光直接射向被检测物，于是反射、透射、吸收和发射现象就产生了。通过被检测物和近红外光之间的相互作用，被检测物的组成和结构等有关信息能够被加载到分析的近红外光谱上，并从近红外光谱中提取出被检测物内部物质信息，这样就完成了光谱分析。近红外光谱分析技术能够实现高效、快速、方便地检测，而且检测成本低、重现性好，更重要的是这种检测手段对样品没有破坏作用，还能实现在线检测及多组分同时测定等操作。在国际上，利用近红外光谱来评价农产品内部品质越来越成为果品品质无损检测研究的热点。此外，近红外光谱区同时具有可见光谱区信号容易获取与红外光谱区信息量丰富两大方面的优势，再加上近红外谱区自身具有的谱带重叠、吸收强度较低、需要依赖化学计量学方法提取信息等特点，让近红外光谱迅速成为一类新型的分析技术（张小强，2016）。

#### 3.2.1.1 近红外反射光谱检测

近红外反射光谱的检测器收集被测样品以各种方式反射回来的

光，这种方法需要将光源和检测器放在样品的同一测。近红外反射光谱法的优势在于反射率比较高，获取光谱信息相对比较容易，因此，在果品的分级检测中得到广泛的应用；其缺点在于被检果品表面特性的变化容易影响模型检测的准确率，而且当待测果品种类改变时检测模型也需要跟随调整，尽管近红外反射光谱分析法检测成本低，但是仪器成本这方面耗资比较多。

#### 3.2.1.2　近红外透射光谱检测

近红外透射光谱技术是通过检测器来收集从样品中穿过来的透射光，还有那些与样品分子相互作用后的光束，因而使用这种方法检测时，测试样品要放在检测器和光源之间。该检测方法的优点是接收的光谱信息能够反映被测物内部组织与结构等有关信息，被测物表面特性对检测模型产生的影响比较小，此方法比较适应于果实心室周围的检测。近红外透射光谱技术能够实现高效、快速检测，而且该方法成本低、无破坏性、绿色环保，还能同时测定多个指标。目前，该技术广泛应用于小麦、大麦、玉米等的蛋白质、水分、纤维等成分的分析上（朱苏文，2007）。然而其缺点在于透射光谱的光强度较小，穿透被测物透射光的数量较少，获取水果内部组织信息少，因而需要照射强度较高的光源。

#### 3.2.1.3　近红外光谱检测基本流程

（1）收集样品：在建立模型前，大量收集具有代表性的样品对实验至关重要。选择样品需要考虑如表观、样品特性、样品的种类、原料差异性状的多样性等，以待测样品能够包含要分析的样品成分的范围为最佳。

（2）化学分析：采用标准方法或参考方法来测定样品中的组分信息或性质参数，一般来讲，化学分析结果的准确性很大程度上决定了预测模型结果的准确性，所以要尽可能地减少人为误差。尽管在化学分析过程中不能避免产生误差，但是可以通过增加重复检测次数或选择精密度高的仪器来减小误差值，这样就可以大大降低由于化学分析过程而产生的人为误差和随机误差。

（3）光谱采集：在进行光谱采集时，为了避免时间间隔过长而引起样品内成分的变化，应保持测量时间尽量与化学分析时间的一致，特别是那些容易受环境影响的成分。另外，外界环境的改变也会对仪器的稳定性产生一定的影响，因此，测量过程选择在不同的时间进行为宜，这样就可以将时间、温度不同造成的光谱数据变化概括到所建立的模型当中。

（4）光谱预处理：对光谱进行适当的预处理后，各种非目标因素对光谱的影响被大大降低甚至被消除，这就为建立校正模型和预测未知样品组成信息或性质打下了坚实的基础。

（5）建立定标模型：通过多元统计校正方法将预处理后的样品光谱数据和样品组分或性质参数进行关联，得出定标方程，建立定标模型（方彦，2004）。

（6）定标模型的验证分析：定标模型建立后，必须对其进行检验，以确定模型的可靠性，通常通过相关系数等相关指标进行评价。

（7）未知样品预测：验证完毕后，若得到的结果符合模型误差要求的定标模型，则可应用到未知样本组成性质的日常分析测定中去。

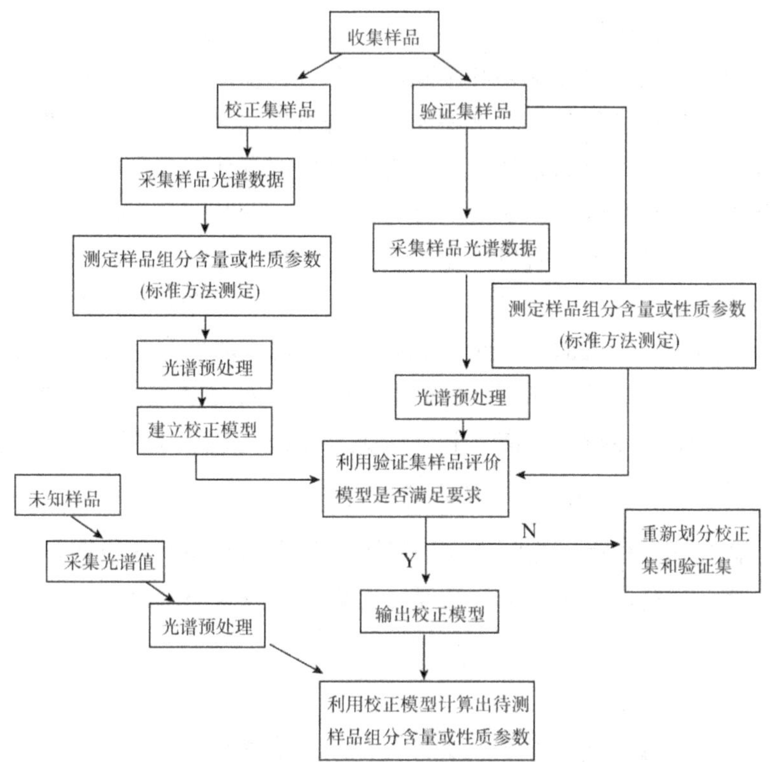


图3—3 近红外光谱分析技术路线（李东华，2009）

## 3.2.2 高光谱技术

### 3.2.2.1 高光谱技术的原理

高光谱成像技术（图3—4）融合了光学、电子技术、信息处理方法以及计算机科学等几大技术，当光线穿过被测农产品时，由于其内部结构特性的差异，高光谱的光谱和图像会有所改变（高海龙等，2013）。成像光谱仪是采用“推扫式”成像方法来获取高光谱图像，成像系统是利用许多窄波段的电磁波光谱通过成像方式获取有关被测物特性的特定参数。高光谱成像技术是集传统的二维成像技术与光谱分析技术于一体的一种先进检测技术（王雷等，2009），即获得的高光谱图像具有“图谱合一”的特点（张保华等，2014）。图像信息可以用来检测水果和蔬菜的一些外部品质，而光谱信息可以用于检测农产品的某些内部品质以及进行安全性评价。高光谱成像技术可以在电磁波的紫外、可见光等许多波段获取一系列很窄且光谱连续的图像数据，其中每个像元含有几十到几百个窄波段的光谱信息，每个波长下都对应一幅灰度图，为每个像素提供一条完整而连续的光谱曲线（田有文等，2014；陈欣欣等，2017）。高光谱成像技术具有准确、全面、实时、快速、无损地获取农产品的品质的特点，研究对象的空间信息和光谱信息可以同时获得（田有文等，2013），因此，高光谱成像这种无损检测技术有着非常好的应用前景。

### 3.2.2.2 高光谱成像技术基本流程

高光谱图像由于光源、仪器及外界因素的影响会导致噪声的存在，因此进行图像采集前，需要进行黑白板校正→数据处理→模型评价。

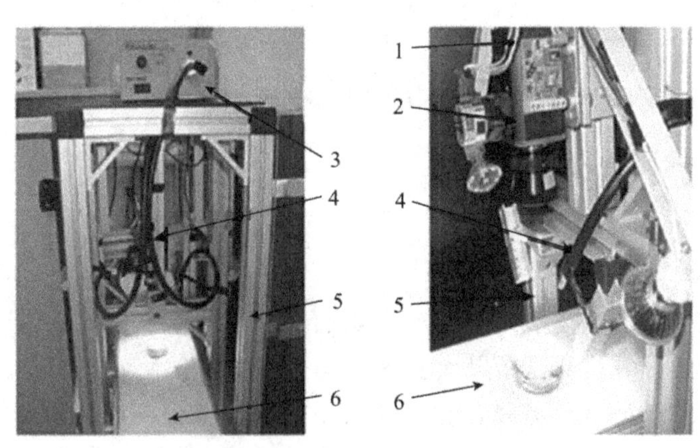


1.CMOS相机　2.行扫描光谱摄制仪　3.照明器　4.光纤
5.铝合金支架　6.传送带

图 3-4　高光谱成像系统示意图（洪添胜等，2007）

高光谱成像技术是图像获取和光谱分析两种技术相结合的产物，这种技术可以实现对农产品的内部和外部品质及各种食品成分的检测，是检测果蔬产品综合品质的首选方法（图 3—5）。然而，高光谱相机价格较高，增加了商业化检测与建立检测生产线的成本。另外，高光谱成像时间和数据分析处理耗时较长，阻碍了高光谱成像系统的在线或实时检测发展。高光谱成像过程中存在较多的多余数据，不同果蔬、产品不同方面的检测指标分别有不同的适合的检测特征波长，为了缩短高光谱数据的获取和处理时间，一般需要针对特定的被测产品选用不同的特征波长（丁佳兴等，2016）。尽管如此，由于高光谱成像技术弥补了传统成像技术的诸多缺点，近年来被越来越多地应用于农产品品质的检测中，随着该技术的逐渐成熟和应用范围不断扩大，这种检测技术必定会在更多领域发挥其重要的作用。

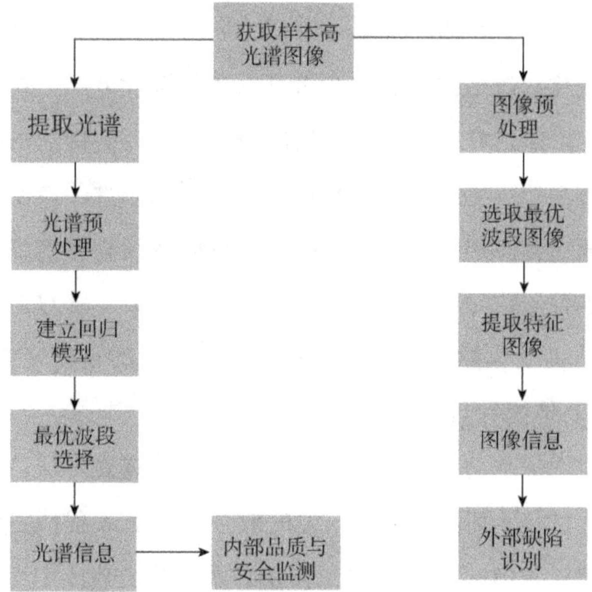


图 3—5　高光谱成像检测技术路线（欧阳爱国等，2015）

### 3.2.3 X射线检测技术

X射线是很短的电磁波，由德国物理学家W.K.伦琴于1895年发现，故又称伦琴射线。X射线波长范围为0.01～100 Å，较紫外光短，但比γ射线长，即能量要比紫外大，比γ射线小。X射线与其他电磁波一样，会发生反射、折射、散射、衍射、干涉、偏振和吸收等。X射线具有很强的穿透能力，在穿透被测物的过程中被吸收和散射，从而导致射线部分能量的散失（韩平，2009）。X射线的穿透能力与射线波长、被穿透材料的原子序数以及密度都成反比。即射线波长越短，所具有的能量越足，故射线穿透能力越强；被测物的原子序数越大，密度越大，射线越难将其穿透。农产品检测中所需的X射线强度比工业用的弱很多，因此一般称之为低能X射线或者软X射线。应用X射线成像检测技术，可以检测到农产品内部结构的相关变化。这项技术已经在水果品质筛选和分类上得到了广泛的应用。X射线在农产品的内部品质检测方面拥有巨大的优势，被检农产品容易产生各种损伤，恰好X射线对其内部品质没有任何损害作用。通过计算机对数据进行处理，可以得到物体内部缺陷的性质、大小和位置或结构变化等信息。并按照有关标准对检测结果进行缺陷或结构变化的等级评定，从而达到检测的目的（刘木华等，2004）。其具体流程如图3－6所示。

X射线图像是用于农产品内部品质检测的有效方法，近年来在苹果、梨等的检测研究中取得很好的效果。尽管X射线检测技术有着诸多的优点，但X射线图像无损检测系统的制造成本比较高，但随着X射线成像技术及其他相关技术研究的不断深入，我们相信这个问题将会得到很好的解决。

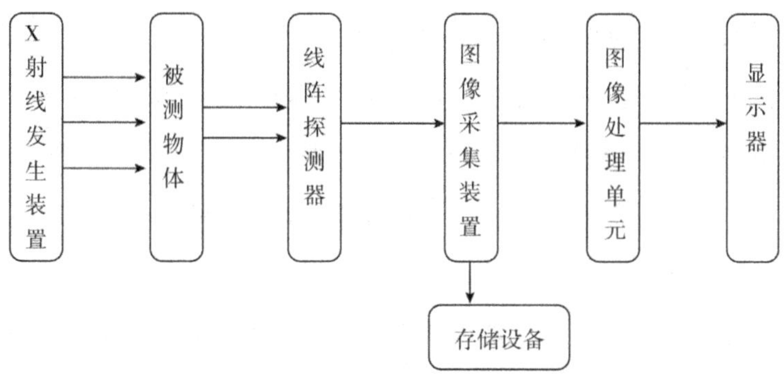


图 3—6　X 射线检测系统技术流程（耿一曼，2012）

### 3.2.4　核磁共振技术

在静态磁场中，磁核中有不同的能级。当某一特定频率的电磁波照射到被测物体时，如果电磁波能量完全等于能级差，电磁波被原子核吸收时，会发生能级跃迁，并产生共振吸收信号，这种现象即为核磁共振。并不是所有原子核都会发生这种核磁共振现象，只有存在核自旋的原子核才能产生核磁共振现象。核磁共振技术由荷兰物理学家 Goveter 于 20 世纪中期首次发现，后来由美国物理学家 Bloch 和 Purell 逐渐加以完善。核磁共振检测技术可以做到不接触被测物，采用核磁共振成像仪获取被检样品的核磁共振图谱，实现被测物内部的无损检测。根据核磁共振图谱可看出被测物分子中原子所处的状态，进而可以对农产品的内部品质进行综合评价（张建锋，2013）。核磁共振技术可以实现水果内部品质的无损可视化检测，因此在水果内部品质检测方面具有良好前景。

核磁共振（NMR）和核磁共振成像（MRI）。核磁共振波谱法源于化学位移理论，根据所使用的射频场频率的高低，其又可分为高分辨率核磁共振波谱法和低分辨率核磁共振波谱法。前者主要用于研究化合物的分子结构，目前应用最广泛的是$^{1}$H－NMR和$^{13}$C－NMR。由于食品结构复杂，目前该技术还只限于比较简单的食品模型。而后者是通过核磁共振谱信号来分析食品的各种理化性质，一般来讲信号的强度与样品中原子核数量直接相关。低分辨率核磁共振法价格相对较低，仪器体积较小，所以它已成为食品工业应用较为广泛的技术（齐银霞，2008）。

核磁共振技术可快速定量并分析检测被测样品，不会对样品产生破坏作用，而且简便、灵敏度高。此外，利用该技术可以在短时间内同时得到样品中各组分的松弛时间曲线，进而对样品进行准确的分析和识别。跟之前的一些机械视觉系统相似，核磁共振技术对不同的果蔬进行检测，就要对不同的果蔬进行相应的核磁共振图谱研究，甚至要使用不同的处理方法和数据分析方法，还要开发不同的软件，造成了核磁共振技术很难广泛推广的局面。此外，核磁共振仪的造价和运转费用都很高，而水果价格较低；再者，NMR检测和成像的速度较慢，有时成像甚至需要几分钟，而对于水果来说，通常有大量的水果需要快速检测，这样就大大降低了检测速度和效率（齐银霞，2008）。

### 3.2.5　电特性品质无损检测技术

在外加电场的作用下，果蔬会产生相应的导电特性、介电特性，以及其他物理特性，这就是果蔬的电学特性。20世纪70年代，果蔬等农产品的介电特性开始被相关学者所研究，一直发展到今天，其仍然是很多研究人员的研究热点。这么多年来，科研人员对果蔬的电介质的特性进行了大量研究，最后发现测量的频率范围大部分集中于高频波。果蔬是具有生命的鲜活个体，从微观结构角度来讲，内部存在着大量带电粒子，这些粒子进而形成生物电场，当果蔬成熟衰老、损伤和病变时，其内部结构和化学组分会发生相应的变化，这样就会引起相关电学特性的改变，对电学特性和果蔬成熟衰老指标进行相关性研究，对果蔬品质无损检测领域有着更重要的意义（王若琳等，2018）。果蔬电学特性参数的测定方法有切片、突刺、接触和非接触等许多方法，前两种方法属于有损检测，后两种方法属于无损检测。基于电学特性的无损检测手段与其他传统检测手段相比，技术检测快速、灵敏度高、仪器简单、操作简便、容易实现在线检测。因此，近年来基于电特性的果蔬品质无损检测研究已成为一大热点（图 3—7）。

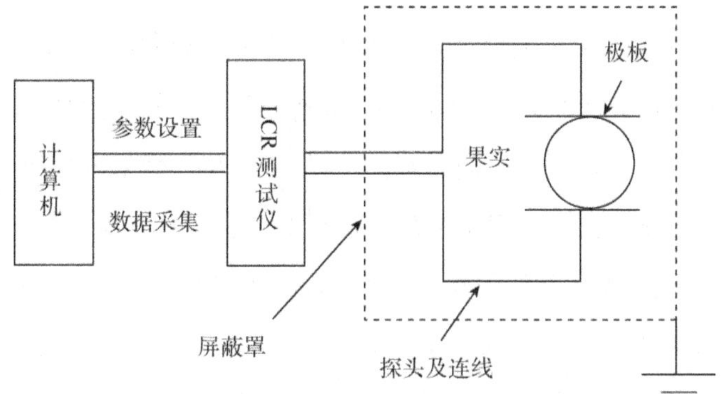


图 3—7　电特性参数无损检测的电路原理图（唐燕，2011）

## 3.3 鸭梨黑心病的无损检测

### 3.3.1 近红外光谱技术在鸭梨黑心病检测中的应用

韩东海等人（2005）研究了鸭梨黑心病与鸭梨果实表面颜色、糖度及硬度之间的联系。在该实验中，首先鸭梨果实按照果心褐变程度被分成不同等级，其中 3 级和 4 级果肉发生不同程度的褐变。该研究结果表明，各质量等级的鸭梨果实颜色差异显著。得到的这些研究结果为利用近红外光谱分析技术进行梨果实黑心病的无损伤检测提供了坚实的理论依据。在近红外光谱基础上，冯世杰等人（2008）首次利用多项式的多级分类器对黑心病梨果和正常梨果进行分类，并用多项式函数、径向基函数和 Sigmoid 函数对黑心病梨果的预测率进行比较。该研究结果显示，在多项式核函数下对黑心梨果的识别准确率为 95%。该研究说明近红外光谱法是一种准确度高、可靠、无损的检测方法，并能准确地评价梨果实内部黑心病的发生程度，该技术能够实现鸭梨褐变的在线检测。涂润林（2004）利用近红外光谱研究了鸭梨的相关物性和成分含量，并通过研究低温贮藏过程中鸭梨表面颜色、近红外透射光谱以及贮藏末期的近红外反射光谱，分别建立了无损检测黑心鸭梨的模型。韩东海等（2006）研究发现，在近红外光谱区的 650～900 nm 区间范围内，鸭梨在 670 nm 附近有叶绿素吸收峰，在 760 nm 和 840 nm 处的水或氢氧基团有吸收峰。褐变梨在光谱上主要表现出透射光的减少。通过对光谱信息的分析发现，若褐变程度不同，则其光谱各波长光密度值（OD）也会发生变化。在 715 nm 附近，OD 值所发生的变化最明显，当褐变程度加重时，该 OD 值增加变快，但附近 750 nm 的吸收峰增加颇为缓慢。该项研究应用透射光谱较好地描述了褐变加重的过程，为近红外透射光谱检测褐变型黑心病提供了参考。

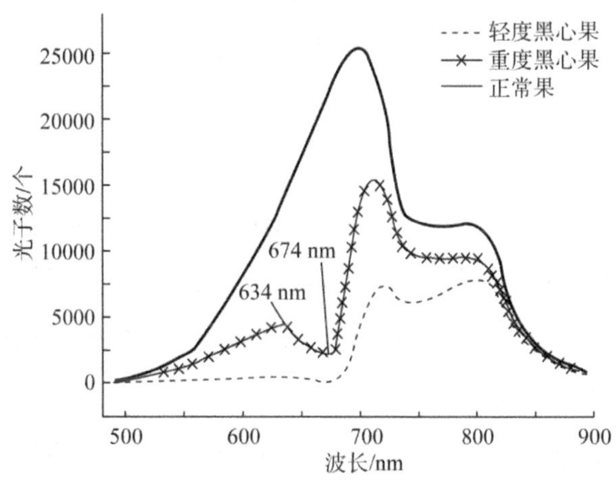


图 3—8　轻度黑心、重度黑心和正常果的可见近红外透射光谱图（孙旭东等，2016）

近红外光谱检测分析法具有操作简单、快速、无损等优点，这种技术能够避免传统检测分析方法的各种缺点，比如破坏性大、耗时、费力等。因此，这种方法逐步成为梨果实无损检测分级的快捷有效的检测方法之一。特别是便携式近红外光谱仪的应用，可以及时了解果实内部组分（糖度、可溶性固形物、酸度等）的含量。在梨的生长过程中应用这种检测技术不仅可以指导果农科学合理地栽培农作物，还能提高果实的品质，同时无损检测方法又能指导种植者顺应市场需求，适期采收并提高水果的附加值（王蒙，2014）。

### 3.3.2 核磁共振技术在鸭梨黑心病检测中的应用

核磁共振是一种非破坏性的产品内部品质检测方法，有着比较广泛的适用性，也有很多其他方法所无法媲美的优点。它既不会对被测样品产生外观上的影响，也不会对待测物产生像辐射一类的潜在伤害。此外，核磁共振的穿透能力强，被测样品厚度对其检测影响有限。

周水琴（2013）使用核磁共振成像技术对香梨果实内部褐变进行无损鉴别，并建立了梨果褐变程度与核磁共振质地系数间的相关模型。实验过程如下，利用核磁共振设备，采集香梨的冠状面核磁共振加权图像，经过图像转换、图像预处理、特征提取等处理后，实现对香梨内部褐变情况的判别。张建锋等（2013）同样利用核磁共振技术结合 BP 神经网络对香梨内部褐变情况进行了无损检测（图 3—9），优化后的模型识别准确率达到 90%以上，最终对香梨褐变严重程度进行分级。该研究结果显示了核磁共振成像技术在果蔬内部缺陷检测方面的可行性，并能确定内部褐变的发生程度，为果蔬品质在线检测线的建立提供了非常重要的理论依据。Hernández-Sánchez 等（2007）使用核磁共振技术对鸭梨果心褐变进行了检测（图 3—10），研究结果表明 94%～96%的褐变果实可以通过该技术正确地检测出来。

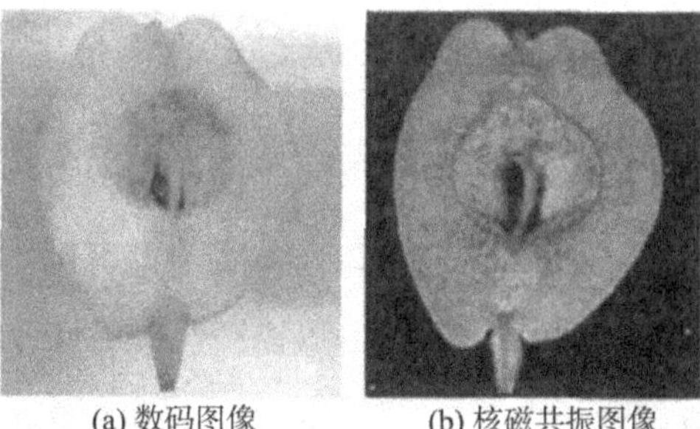


图 3—9　香梨数码图像和对应的核磁共振图像（张建锋等，2013）

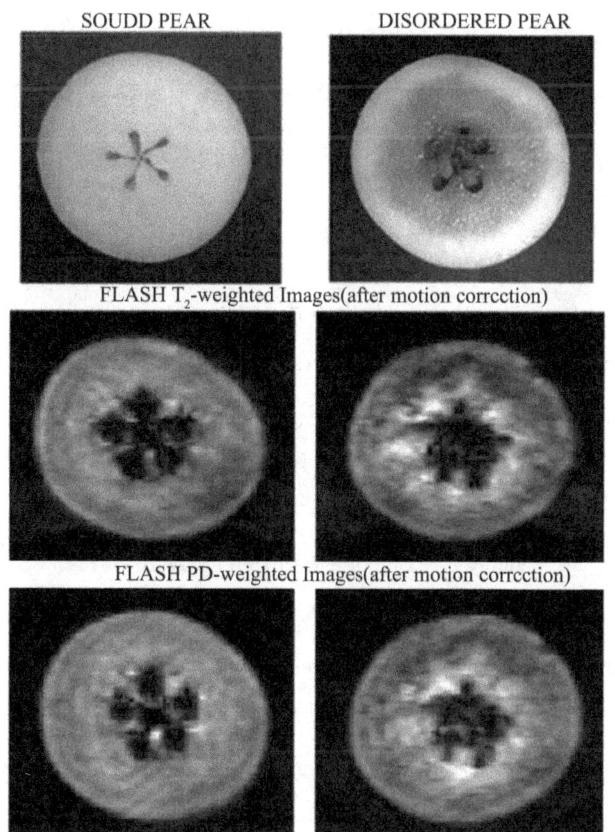


图 3—10　鸭梨核磁共振图像（Hernández-Sánchez et al，2007）

### 3.3.3 时间分辨光谱法在鸭梨黑心病检测中的应用

时间分辨反射光谱是一种新颖的无损检测手段，它通过测定物质对光的吸收系数和传递散射系数，确定内部缺陷的位置。Zerbini等（2002）利用时间分辨反射光谱法检测气调贮藏下梨果实是否存在黑心病。研究结果显示，在720 nm下，褐变果实的吸收系数较正常果实有显著增加。在褐变的水果中，690 nm下的吸收系数也会增加，但会受到果实成熟度的影响，因此不能单独用来检测果实黑心病。720 nm下的传递散射系数与组织水渍状态有关，因此可以用来确定果实是否受到机械损伤。这项技术实现了对梨果实内部2 cm深的组织状态进行检测，包括果实缺陷的存在及其位置所在。

## 参考文献

[1] Hernández-Sánchez N, Hills B P, Barreiro P, et al. An NMR study on internal browning in pears [J]. Postharvest Biology & Technology, 2007, 44 (3): 260—270.

[2] Khatiwada B P, Subedi P P, Hayes C, et al. Assessment of internal flesh browning in intact apple using visible-short wave near infrared spectroscopy [J]. Postharvest Biology & Technology, 2016 (120): 103—111.

[3] Zerbini P E, Grassi M, Cubeddu R, et al. Nondestructive detection of brown heart in pears by time-resolved reflectance spectroscopy [J]. Postharvest Biology & Technology, 2002, 25 (1): 87—97.

[4] 陈欣欣，郭辰彤，张初，等. 高光谱成像技术的库尔勒梨早期损伤可视化检测研究 [J]. 光谱学与光谱分析，2017，37 (1)：150—155.

[5] 陈志远. 番茄电特性的无损检测与生理特征关系的研究 [D]. 西北农

林科技大学，2007.

[6] 丁佳兴，吴龙国，何建国，等. 高光谱成像技术对灵武长枣果皮强度的无损检测 [J]. 食品工业科技，2016，37 (24)：58—62，68.

[7] 方彦. 利用近红外光谱法测定玉米品质的研究 [D]. 甘肃农业大学，2004.

[8] 冯世杰，戴小鹏，王艳平. 基于 NIR - SVM 对鸭梨褐变病果的识别 [J]. 农业网络信息，2008 (3)：133—135.

[9] 高海龙，李小昱，徐森淼，等. 马铃薯黑心病和单薯质量的透射高光谱检测方法 [J]. 农业工程学报，2013，29 (15)：279—285.

[10] 耿一曼. X 射线无损检测技术在柚子品质检测中的应用研究 [D]. 福建农林大学，2012.

[11] 韩东海，刘新鑫，鲁超，等. 苹果内部褐变的光学无损伤检测研究 [J]. 农业机械学报，2006 (6)：86—88，93.

[12] 韩东海，涂润林，刘新鑫，等. 鸭梨黑心病与其果皮颜色、硬度和糖度的方差分析 [J]. 农业机械学报，2005 (3)：71—74.

[13] 韩东海，王加华. 水果内部品质近红外光谱无损检测研究进展 [J]. 中国激光，2008，35 (8)：1123—1131.

[14] 韩丽君. X 射线检测技术在渭南市农产品检测中的应用 [J]. 科技展望，2015，25 (30)：110，112.

[15] 韩平，潘立刚，马智宏，等. X 射线无损检测技术在农产品品质评价中的应用 [J]. 农机化研究，2009，31 (10)：6—10.

[16] 洪添胜，乔军，Ning Wang，等. 基于高光谱图像技术的雪花梨品质无损检测 [J]. 农业工程学报，2007，23 (2)：151—155.

[17] 李东华. 南果梨内在品质近红外光谱无损检测技术研究 [D]. 沈阳农业大学，2009.

[18] 刘静，章程辉，黄勇平. 无损检测技术在农产品品质评价中的应用

[J]. 福建热作科技，2007 (3)：32－35，18.

[19] 刘木华，蔡健荣，周小梅. X射线图像在农畜产品内部品质无损检测中的应用 [J]. 农机化研究，2004 (2)：193－196.

[20] 刘文生，燕晓辉，李明珠. 鸭梨褐变的近红外反射光谱分析 [J]. 食品工业科技，2006 (10)：178－180，185.

[21] 欧阳爱国，吴建，刘燕德. 高光谱成像在农产品无损检测中的应 [J]. 广东农业科学，2015，42 (23)：164－171.

[22] 齐银霞，成坚，王琴. 核磁共振技术在食品检测方面的应用 [J]. 食品与机械，2008 (6)：117－120.

[23] 孙旭东，刘燕德，李轶凡，等. 鸭梨黑心病和可溶性固形物含量同时在线检测研究 [J]. 农业机械学报，2016，47 (1)：227－233.

[24] 唐燕. 猕猴桃和桃电学特性和生理特性关系研究 [D]. 西北农林科技大学，2011.

[25] 田有文，程怡，吴琼，等. 农产品病虫害高光谱成像无损检测的研究进展 [J]. 激光与红外，2013，43 (12)：1329－1335.

[26] 田有文，牟鑫，程怡. 高光谱成像技术无损检测水果缺陷的研究进展 [J]. 农机化研究，2014，36 (6)：1－5.

[27] 涂润林. 基于光物性的鸭梨黑心病无损检测方法的研究 [D]. 中国农业大学，2004.

[28] 王雷，乔晓艳，董有尔，等. 高光谱图像技术在农产品检测中的应用进展 [J]. 应用光学，2009，30 (4)：639－645.

[29] 王蒙，冯晓元. 梨果实近红外光谱无损检测技术研究进展 [J]. 食品安全质量检测学报，2014，5 (3)：681－690.

[30] 王铭海. 猕猴桃、桃和梨品质特性的近红外光谱无损检测模型优化研究 [D]. 西北农林科技大学，2013.

[31] 王若琳，王栋，任小林，等. 基于电学特征的苹果水心病无损检测

[J]. 农业工程学报，2018，34（5）：129—136.

［32］应义斌，刘燕德. 水果内部品质光特性无损检测研究及应用［J]. 浙江大学学报（农业与生命科学版），2003（2）：10—14.

［33］张保华，李江波，樊书祥，等. 高光谱成像技术在果蔬品质与安全无损检测中的原理及应用［J]. 光谱学与光谱分析，2014，34（10）：2743—2751.

［34］张建锋，何勇，龚向阳，等. 基于核磁共振成像技术的香梨褐变检测［J]. 农业机械学报，2013，44（12）：169—173，147.

［35］张小强. 近红外反射光谱在食品检测中的应用［J]. 科技展望，2016，26（20）：301.

［36］周水琴. 基于核磁共振成像的梨果品质无损检测方法研究［D]. 浙江大学，2013.

［37］朱苏文，何瑰，李展. 玉米籽粒直链淀粉含量的近红外透射光谱无损检测［J]. 中国粮油学报，2007（3）：144—148.

# 第 4 章　二氧化碳胁迫对鸭梨黑心病发生的影响

## 4.1 引　言

气调贮藏是利用高 $CO_2$ 浓度或低 $O_2$ 浓度对果实进行贮藏的一种方法。因为气调贮藏可以显著抑制果实呼吸作用和乙烯的产生，延缓果实的成熟过程，从而可以达到延长贮藏时间的目的。但贮藏环境中 $CO_2$ 浓度偏高、$O_2$ 浓度相对降低时，会引起果实的无氧呼吸，不仅会有异味产生，而且易引发果实内部组织褐变，因此极大限制了气调保鲜技术的应用和普及。

对于梨果实来说，高浓度 $CO_2$ 伤害主要表现在组织褐变上，其中最主要的是果心部位的组织褐变。其过程是最初在果心部分出现局部变褐，随后逐步发展扩大到整个果心，直至最后果肉变褐。褐变严重时，还会出现果皮变黑的现象（关军锋等，2008）。陈昆松（1991）等探究了不同气体含量对鸭梨品质的影响，结果发现当 $O_2$ 的含量在 7%且不含 $CO_2$ 的气体环境中，鸭梨果实表现出很好的贮藏品质。若将 $O_2$ 与 $CO_2$ 的比例调节为 1∶10，则可以对鸭梨进行褐变诱导处理。

刘野（2011）等利用高压结合 $CO_2$ 的方法，探究了高压 $CO_2$ 处理对于鸭梨内钙含量的影响，结果显示 $CO_2$ 处理严重地破坏了鸭梨的细胞结构，细胞膜的通透性增强，水溶性和膜结合的钙含量有所降低，果实的褐变程度加剧。王颉等（1997）探究了 $CO_2$ 含量对于鸭梨果实品质的影响，实验将 $O_2$ 的含量设定为不少于 16％，通过调节 $CO_2$ 的含量进行实验研究，最终发现当 $CO_2$ 的含量较低时（3％），鸭梨果实能够长期储存并且不受 $CO_2$ 的伤害，当其浓度较高时，长期储存的鸭梨果实的细胞膜的通透性增强，游离态多酚氧化酶的活性增强，褐变程度加剧。本章内容阐述了 4％的 $CO_2$ 处理对鸭梨果实黑心病以及生理生化指标的影响。

## 4.2　二氧化碳胁迫对鸭梨黑心病和品质的影响

### 4.2.1　二氧化碳胁迫对鸭梨果实黑心指数和黑心率的影响

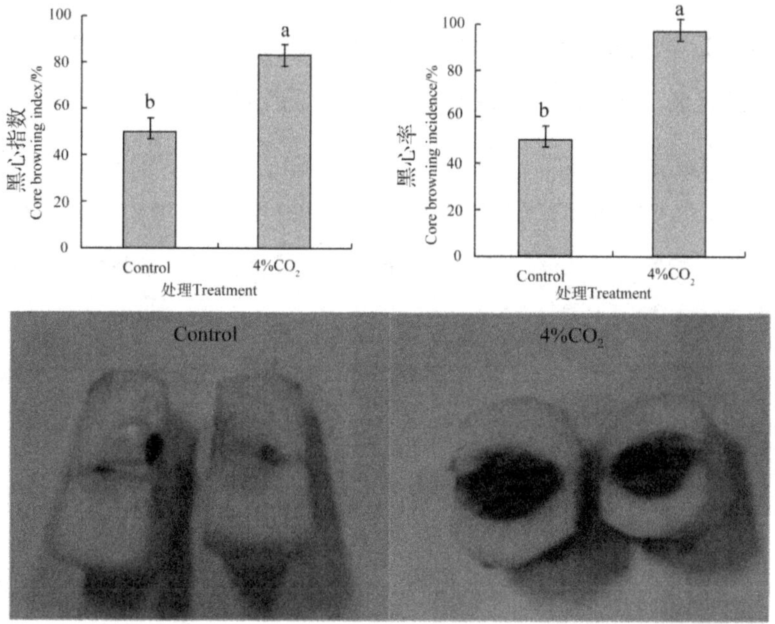


图 4—1　二氧化碳处理对鸭梨果实黑心指数和黑心率的影响

图 4－1 所示为鸭梨果实经 4％$CO_2$处理后于 0 ℃低温贮藏 3 个月后的黑心率和黑心指数。统计结果显示，4％$CO_2$处理鸭梨果实的黑心率和黑心指数分别较对照果高出 66％和 94％，与对照组间差异显著。二氧化碳处理能够加重鸭梨果实贮藏期间黑心病的发生及发生程度，果实的黑心指数和黑心率显著高于对照组。

### 4.2.2　二氧化碳胁迫对鸭梨采后色泽变化的影响

L 值表示明度。二氧化碳处理降低了果实 L 值。由图 4－2（a）可知，随着贮藏时间的延长，明度 L 先升高后降低；贮藏前期，二氧化碳处理组果实 L 值变化不明显，此后 L 值始终低于对照组，120 d 时，低于对照组 6.7％。前期 L 上升可能是由于叶绿素分解，中后期 L 值下降则是由于果实褐变，二氧化碳处理加速了鸭梨果实的采后衰老，导致果实贮藏期间感官品质的下降。

在色泽测定中，＋a 表示红色，－a 表示绿色。从图 4－2（b）可见，0 至 60 d 的贮藏期内，对照组果实 a 值持续增大，处理组 a 值变化不稳定，但与对照组差异不显著。贮藏后期，两组果实的 a 值均迅速下降再上升。

＋b 表示黄色，－b 表示蓝色。测定结果如图 4－2（c）所示，鸭梨采后 b 值呈下降趋势，黄色褪去逐渐呈现浅白色。采后 0 至 60 d，二氧化碳处理对 b 值影响不大，此后，对照组果实 b 值迅速降低，处理组 b 值高出对照，贮藏 90 d、120 d 时，二氧化碳处理果实的 b 值分别比对照组高出 68％、37％，与对照组间差异极显著（$P<0.05$）。

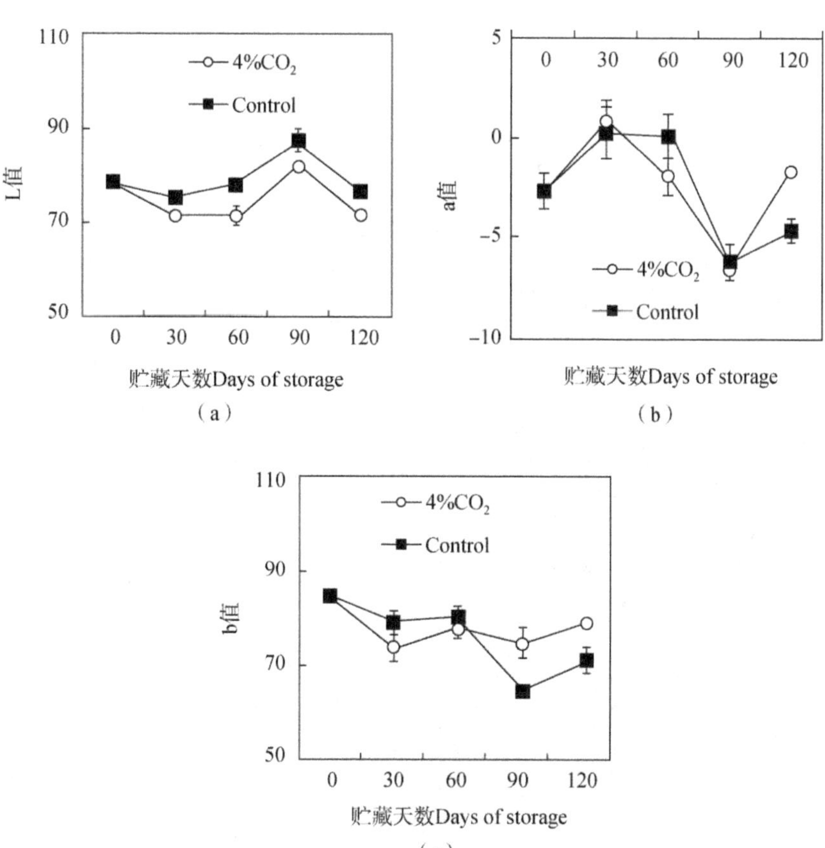


图 4—2　二氧化碳处理对鸭梨果实采后 L 值、a 值、b 值的影响

### 4.2.3　二氧化碳胁迫对鸭梨果肉品质的影响

硬度是描述果实质地最常用的术语之一，是表征果实品质的重要指标之一，也是判断果实是否软化的重要指标。在低温贮藏过程中，鸭梨果实的硬度呈下降趋势（图 4—3）。二氧化碳处理对果肉硬度影响不大。可溶性固形物（SSC）含量和可滴定酸（TA）含量则反映了果实的呼吸强度及果实风味，采后由绿转黄或转白则可作为

其成熟和后熟的标志。

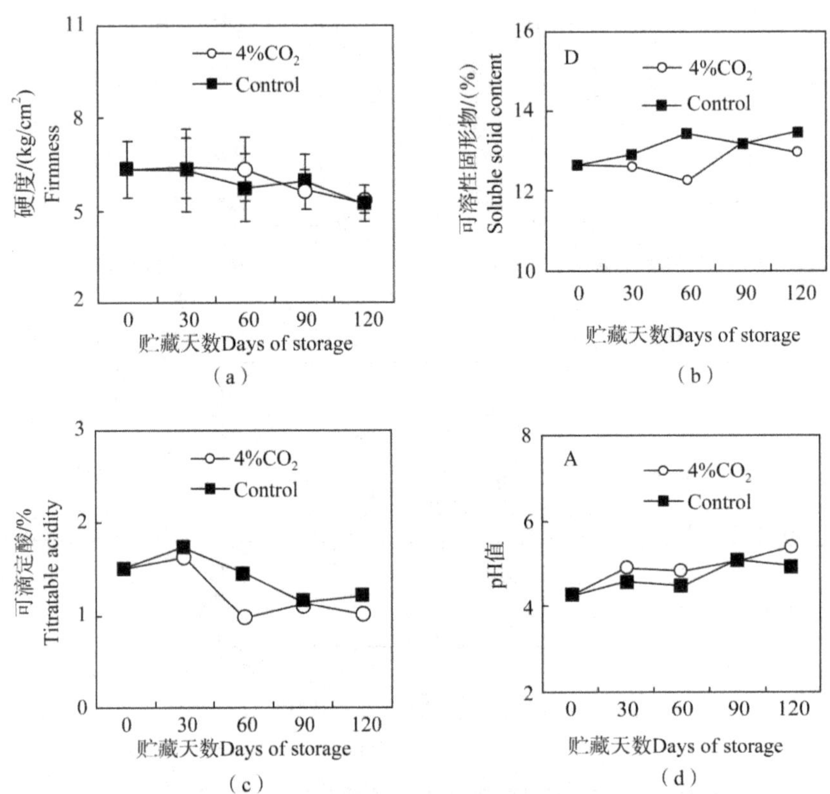


图 4－3　二氧化碳处理对鸭梨果实常温贮藏期间硬度、SSC、TA 含量和 pH 的影响

由图 4－3 可知，二氧化碳处理后，果实 SSC 含量显著下降，60 d 时，果实 SSC 含量降至最低，为 12.27%，低于对照组 8.6%。随着贮藏时间的延长，鸭梨果实内可滴定酸含量呈下降趋势，果实的 pH 始终高于对照组。

### 4.2.4　二氧化碳胁迫对鸭梨组织结构的影响

#### 4.2.4.1　石蜡切片观察

从细胞的体积可以看出（图 4—4），与 0 d 相比，二氧化碳处理组果实细胞分散，且褶皱明显。30 d 时，与对照组相比，4%$CO_2$处理果实组织时，细胞壁部分破裂、细胞开始互相融合，组织中没有观察到明显的维管束结构。

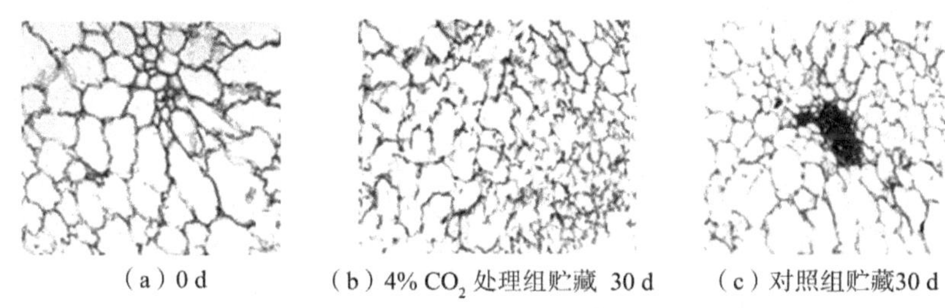

（a）0 d　（b）4% $CO_2$ 处理组贮藏 30 d　（c）对照组贮藏30 d

图 4—4　二氧化碳处理对鸭梨果实组织结构的影响

#### 4.2.4.2　半薄切片观察

由图 4—5 苯胺兰染色结果可知，果实贮藏 30 d 时，对照组鸭梨果实表皮细胞均排列整齐紧密，表皮细胞间很少有角质侵入，而二氧化碳处理组果实表皮细胞排列不规则，细胞间出现大的间隙。与对照组相比，近果皮处细胞体积大。果肉组织中，胼胝质类物质含量明显增多。维管束为果实的生长发育提供物质运输条件，对照组果肉组织中维管束分枝成网状分布，二氧化碳处理组维管束结构不紧凑且有破裂现象出现。

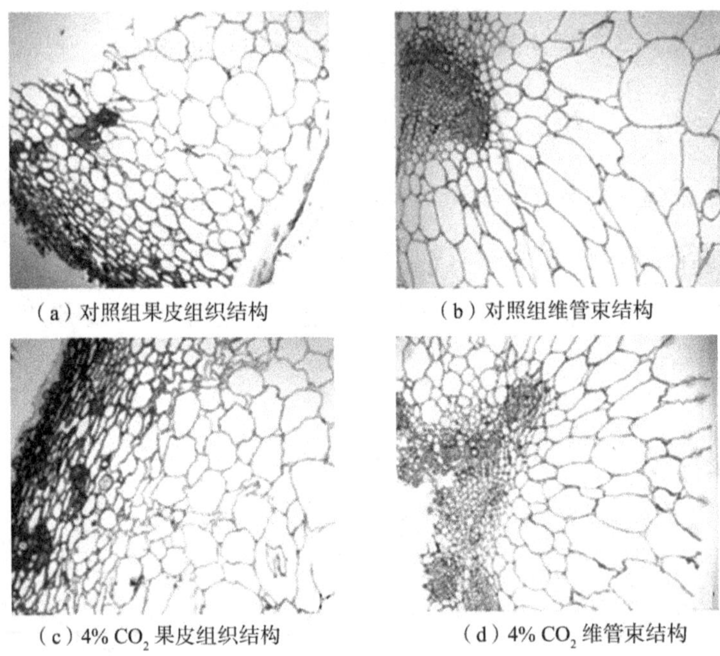

（a）对照组果皮组织结构　（b）对照组维管束结构

（c）4% $CO_2$ 果皮组织结构　（d）4% $CO_2$ 维管束结构

图 4—5　二氧化碳处理对鸭梨果实半薄组织结构的影响

#### 4.2.4.3　超薄切片观察

由图 4—6 可知，贮藏 120 d 时，与对照组相比，4%$CO_2$处理组细胞间隙明显增大，内容物降解。有大量死细胞出现，果实细胞壁明暗分区结构丧失，中胶层已分解，很难观察到结构完整的叶绿体及线粒体。细胞器解体现象严重，囊泡分泌增加并互融，液泡膜、质膜等结构发生改变，导致原生质与液泡溶液互溶，生理代谢紊乱，区隔化降低，膜系统遭到破坏。

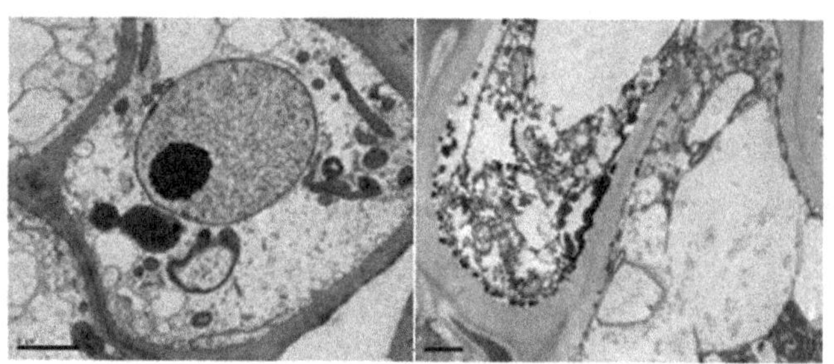

（a）对照组超微结构 8000×　　（b）4%$CO_2$ 组超微结构 10000×

图 4—6　二氧化碳处理对鸭梨果实贮藏 120 d 后超微结构的影响

梨果实的组织结构与耐贮性和品质有重要关系（陶世蓉，2000）。细胞是生物体最基本的结构和功能单位，在果实贮藏过程中，研究超微结构的变化是十分重要的内容（李治梅，2005）。本试验表明，二氧化碳处理对果实的组织结构影响显著，处理后果实细胞壁迅速降解，细胞器解体增多，生理代谢紊乱，膜系统遭到破坏，进而加重果实褐变。

基于以上研究，初步认为二氧化碳胁迫对鸭梨果实采后贮藏品质和组织结构影响较大，但胁迫机理尚不清楚，有待进一步研究。

## 4.3　二氧化碳胁迫对鸭梨呼吸代谢的影响

### 4.3.1　二氧化碳胁迫对鸭梨不同途径呼吸速率的影响

如图 4—7 所示，测定期内对照组鸭梨果实糖酵解（EMP）途径呼吸速率总体呈下降趋势，经 4%二氧化碳处理后呼吸速率明显升高，90 d 时达到呼吸速率高峰值，为 5 $\mu mol\ O_2 \cdot mg^{-1} FW \cdot min^{-1}$，呼吸速率约为对照组果实的 6.5 倍。

三羧酸循环（TCA）途径呼吸速率总体趋势［图 4—7（b）］与 EMP 途径呼吸速率相类似，但略有不同。贮藏 30 d 后，处理组

TCA 途径呼吸速率增大，60 d、90 d 时分别为对照组的 6.3 倍、4.5 倍，均达极显著性差异，而贮藏末期，处理组 TCA 途径呼吸速率迅速下降，120 d 时低于对照组 33.3%。

磷酸葡萄糖酸（PPP）途径呼吸速率对 4%二氧化碳处理的响应曲线如图 4－7（c）所示。处理后果实 PPP 途径呼吸速率在贮藏 60 d、120 d 时分别高出对照组 1.52 μmol $O_2$ · $mg^{-1}$ FW · $min^{-1}$ 和 0.90 μmol $O_2$ · $mg^{-1}$ FW · $min^{-1}$。

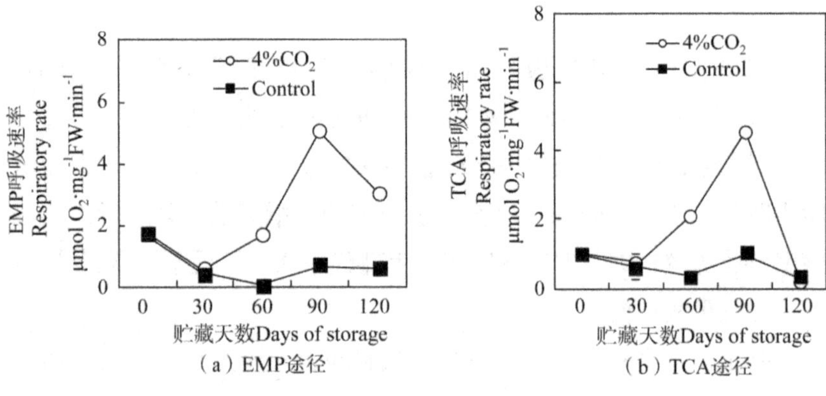

（a）EMP途径

（b）TCA途径

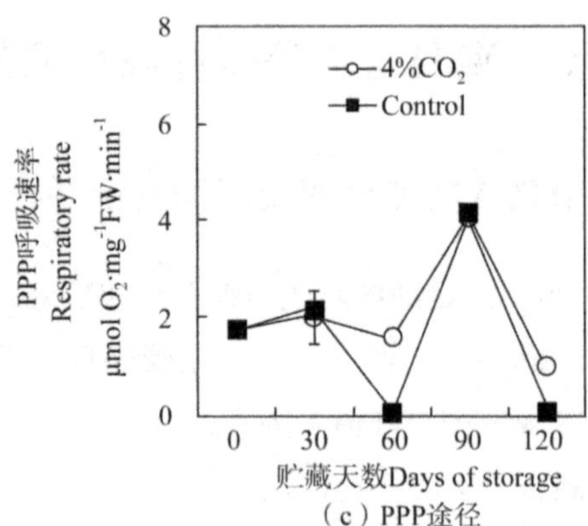

（c）PPP途径

图 4－7　二氧化碳处理对鸭梨果实不同途径呼吸速率的影响

### 4.3.2　二氧化碳胁迫对鸭梨呼吸代谢酶活力的影响

由图 4−8（a）可知，鸭梨贮藏前期，二氧化碳处理组的果实乙醇脱氢酶（ADH）活性低于对照组，随后活性不断上升；对照组活性先上升后下降，30 d 时活性达到高峰值，为 1.72 U/L。90 d 后，二氧化碳处理组果实 ADH 活性开始高于对照组。120 d 时，ADH 活性高出对照 34%。如图 4−8（b）贮藏前期，二氧化碳处理组果实琥珀酸脱氢酶（SDH）活性高于对照组。此后，对照组 SDH 活性不断上升，二氧化碳组活性迅速下降，60 d 时，低于对照组 36%。整个贮藏中后期，SDH 活性虽有所上升，但均低于对照组。随着贮藏时间的延长，果实细胞色素 C 氧化酶（CCO）活性呈上升趋势。由图4−8（c）可知，二氧化碳处理组果实 CCO 活性，在贮藏前期略低于对照组；中期时 CCO 活性上升，高于对照组，90 d 时活性达到高峰值 2.11 U/L，高出对照组 1 倍；后期时活性迅速下降，明显低于对照组，CCO 活性降至 1.44 U/L，低于对照组 25%。二氧化碳处理抑制了鸭梨果实的交替氧化酶（AOX）活性，如图 4−8（d）所示，在采后 0～30 d，AOX 活力上升，对照组与处理组酶活性变化差异不显著。贮藏中后期，对照组果实 AOX 活性呈稳定上升趋势，而二氧化碳处理组果实 AOX 活性则先下降后上升，60 d、90 d 时活性分别低于对照组 4.0%、4.7%，此后处理组果实 AOX 活性开始上升，120 d 时与对照组果实 AOX 活性一致。

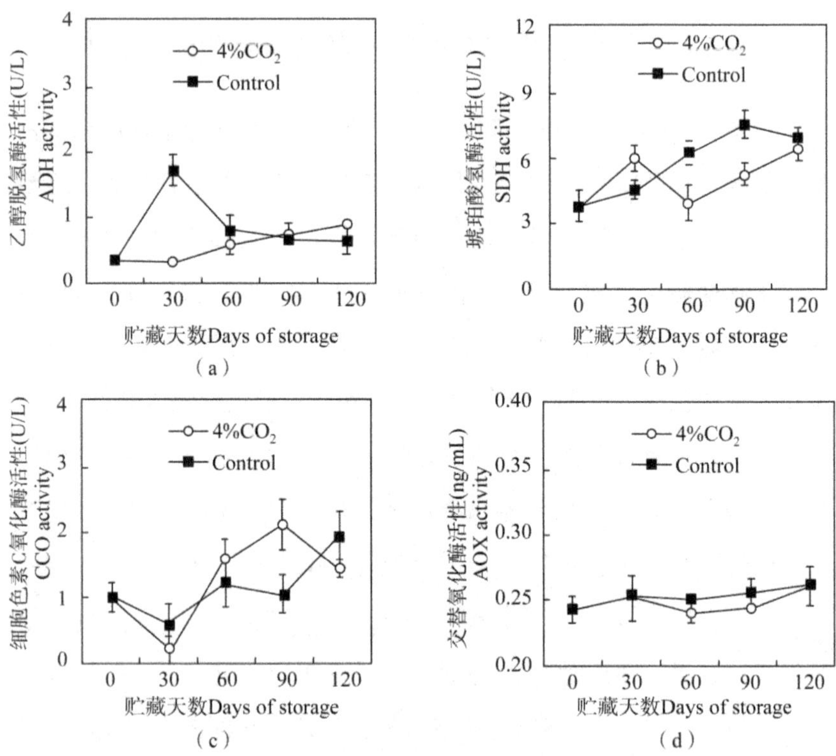


图 4—8　二氧化碳处理对鸭梨果实乙醇脱氢酶、琥珀酸脱氢酶、细胞色素 C 氧化酶和交替氧化酶活性的影响

### 4.3.3　二氧化碳影响呼吸代谢途径的机制

鸭梨采后在高二氧化碳胁迫下，组织褐变严重，呼吸强度增强。果蔬在外界环境胁迫下，其糖酵解（EMP）代谢产物丙酮酸通过三羧酸循环（TCA）途径产生 ATP 和 $NAD^+$ 的能力严重削弱，果实为了产生足够的 ATP 和 $NAD^+$ 维持细胞功能运转，无氧发酵途径作为一种短期适应方式而出现。ADH 是乙醇发酵途径的关键酶，丙酮

酸可在无氧呼吸酶 ADH 的催化作用下，进入乙醇发酵途径，继而产生乙醛、乙醇和乳酸等发酵产物，这些产物被认为是造成细胞受害的主要原因（陈强，2007）。鸭梨采后经 4%二氧化碳处理，贮藏后期 ADH 活性显著升高，可能是果实乙醇发酵代谢途径增强。

G-6-PDH 是糖酵解途径、柠檬酸循环以外的另一个葡萄糖分解途径的磷酸葡萄糖酸途径（PPP 途径）中的关键酶，在植物的生长发育过程中起着十分重要的作用（杨菲，2012）。当 EMP-TCA 途径受阻，PPP 运行来代替正常的有氧呼吸，保证植物的生长、发育及对环境的适应。鸭梨采后经 4%二氧化碳处理后，果实 G-6-PDH 活性显著升高，同时 PPP 途径呼吸速率增大，说明果实 PPP 途径代谢增强。

线粒体是植物细胞的主要细胞器，是细胞能量代谢和物质转化的中枢。线粒体通过呼吸链的单电子载体产生活性氧，其结构对胁迫非常敏感。而线粒体内很重要的呼吸酶 SDH 和 CCO 均存在于线粒体内膜上，它们是线粒体呼吸酶的标志酶。SDH 存在于有氧呼吸细胞中，和线粒体膜牢固结合，是 TCA 循环中的一种标志酶，对逆境条件的反应敏感（胡晓辉，2007）。CCO 是线粒体呼吸链上氧化磷酸化过程中的关键酶，是线粒体呼吸控制的主要部位。因此，SDH 和 CCO 的酶活性变化能够反映线粒体的功能特性。

植物线粒体中同时存在两条呼吸途径：CCO 和 AOX 途径（Møller IM，2007；Albury MS，2009）。AOX 广泛存在于高等植物、藻类和原生生物线粒体内膜，可使植物在环境胁迫下维持呼吸，调节能量平衡，抵抗氧化胁迫，保持三羧酸循环的运行（王雅英，2007）。在正常的生理条件下，细胞可以通过 CCO 途径将电子传递给氧分子产生水，同时形成腺苷三磷酸（ATP）。线粒体电子传递过程中，一些电子可能会被直接传递给氧分子形成超氧阴离子，也能够通过 AOX 途径传递给氧分子生成水，从而在一定程度上减少了超氧阴离子的产生（Møller IM，2007；Møller IM，2001）。

同时 TCA 途径呼吸速率也呈现出先升高后降低的相同趋势。不同的呼吸代谢途径可为生物体提供不同的能荷、还原力。EMP 是碳水化合物代谢的开始阶段，是糖氧化降解的基本代谢途径；TCA 是呼吸代谢提供能量的主要途径；PPP 途径的各种中间物是生物合成过程中必需的原料。已有研究表明，戊糖磷酸途径与植物的生长发育和各种环境胁迫等密切相关（Hauschild R，2003）。综合分析，可知鸭梨果实在高二氧化碳胁迫条件下，EMP、PPP 和无氧呼吸增加，贮藏后期 TCA 途径代谢相对减弱，较长时间运行高活性的 PPP 途径，这些是二氧化碳处理后鸭梨在贮藏期内的呼吸代谢特征，也可能是线粒体的功能特性下降、果实发生褐变的原因之一。

## 4.4　二氧化碳胁迫对鸭梨活性氧代谢的影响

### 4.4.1　二氧化碳胁迫对鸭梨果实贮藏期间活性氧物质含量的影响

果实成熟衰老过程中活性氧的累积与果实体内防御系统清除活性氧能力的下降有关。$H_2O_2$是重要的活性氧种类之一。二氧化碳处理对鸭梨果实 $H_2O_2$含量的影响如图 4－9（a）所示。在 0～60 d 贮藏期内，二氧化碳处理对果实 $H_2O_2$含量影响不大。随着贮藏时间的延长，处理组 $H_2O_2$含量逐渐高出对照组，90 d、120 d 时分别高出对照组 40.2%、30.5%。由图 4—9（b）可知，二氧化碳处理提高了贮藏前期果实内 GSH 的含量。贮藏 60 d 时 GSH 含量达到高峰 30.22 mg/100 g FW。90 d 后，二氧化碳处理对 GSH 含量影响不显著。MDA 是植物细胞质膜氧化的产物，如图 4—9（c）所示，鸭梨果实的 MDA 含量在低温贮藏过程中呈上升趋势。二氧化碳处理导致果实内 MDA 含量积累，30 d 时含量迅速升高，达到高峰值 10.45 nmol/g FW，含量约为对照组果实的 4 倍。贮藏中后期，二氧化碳处理对 MDA 含量影响不大。

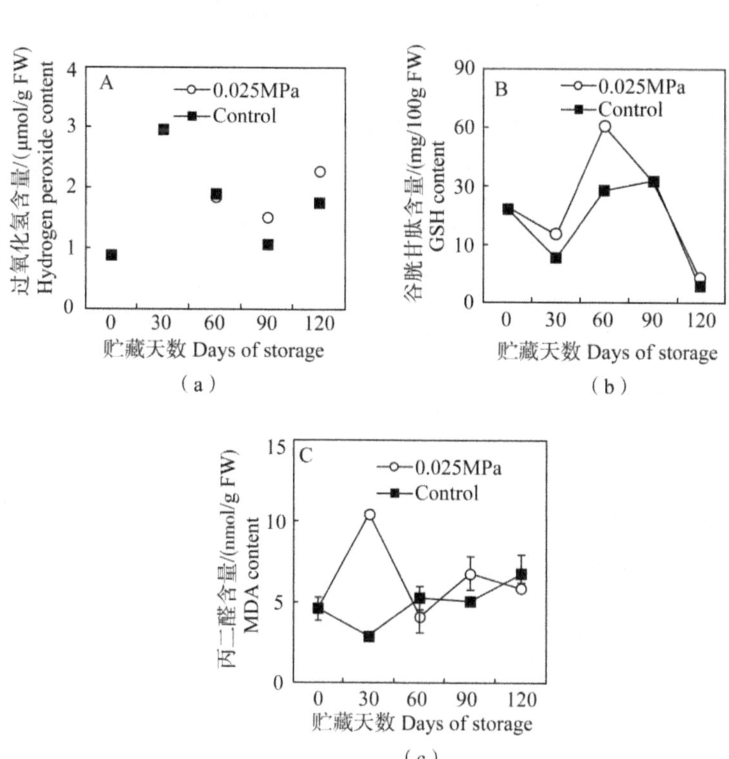


图 4—9　二氧化碳处理对鸭梨果实过氧化氢、谷胱甘肽和丙二醛含量的影响

### 4.4.2 二氧化碳胁迫对鸭梨果实贮藏期间活性氧酶活性的影响

植物体内许多活性氧清除酶都参与了 $H_2O_2$ 的代谢。过氧化氢酶（CAT）或过氧化物酶（POD）可将过量的 $H_2O_2$ 再分解为 $H_2O$ 和 $O_2$，从而最大限度地限制活性氧造成的氧化伤害（林河通，2002)。本实验中，鸭梨果实经二氧化碳处理后，$H_2O_2$ 含量迅速升高，而 CAT、POD 活性明显下降，导致了活性氧积累。如图 4－10 所示，在低温贮藏过程中，鸭梨果实的 CAT 活性呈先降低后升高趋势。0～30 d 贮藏期内，二氧化碳处理果实的 CAT 活性低于对照组，30 d 和 60 d 时，分别低于对照组 26.1％和 22.9％。鸭梨果实贮藏 30 d 时，二氧化碳处理果实的 APX 活性显著上升，达到高峰值1.40 U/g FW，活性是对照组的 4 倍。60 d 时，果实的 APX 活性迅速下降至低于对照组 38.6％。鸭梨果实经二氧化碳处理后在贮藏过程中 POD 和 PPO 活性变化如图 4－10（c）（d）所示。由图可知，二氧化碳处理后，果实 POD 活性迅速降低，30 d、60 d 时分别低于对照组 84.4％、44.1％。PPO 催化酚类化合物氧化得到棕色醌类化合物。PPO 是果蔬产品采后褐变的最重要的一种酶，通过抑制 PPO 活性可有效减轻果实褐变。本实验中，果实经二氧化碳处理后，PPO 活性显著升高，这可能是高二氧化碳胁迫下鸭梨果实黑心和褐变的原因之一。果实经二氧化碳处理后，PPO 活性升高，60 d 时高出对照组 49.6％。

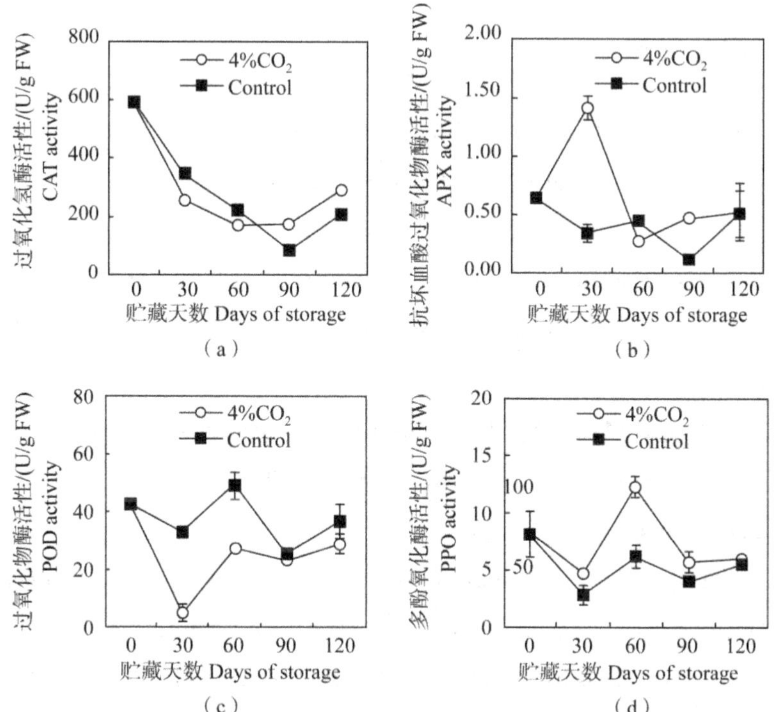


图 4—10　二氧化碳处理对鸭梨过氧化氢酶活性、抗坏血酸过氧化物酶、过氧化物酶和多酚氧化酶活性的影响

梨果实的褐变与膜脂的过氧化作用有密切的关系。由前面的超微结构观察可知，二氧化碳处理后果实细胞的膜结构和物质分布的区域化破坏，从而导致贮藏过程中果心组织膜透性增加，积累较多的 MDA，细胞膜脂过氧化作用加强，酚类物质酶促氧化，使果心褐变。同时线粒体电子传递链关键酶（琥珀酸脱氢酶，交替氧化酶，细胞色素 C 氧化酶）的活性降低，进一步导致鸭梨贮藏过程中活性氧的积累，MDA、过氧化物含量的增加以及果心褐变的加重。因此认为，过氧化伤害也是二氧化碳胁迫下鸭梨果实褐变的重要因素。

## 参考文献

[1] Albury M S, Elliott C, Moore A L. Towards a structural elucidation of the alternative oxidase in plants [J]. Physiologia Plantarum, 2009, 137 (4): 316－327.

[2] Hauschild R, von Schaewen A. Differential regulation of glucose－6－phosphate dehydrogenase isoenzyme activities in potato [J]. Plant Physiol, 2003 (133): 47－62.

[3] Møller IM, Jensen PE, Hansson A. Oxidative modifications to cellular components in plants [J]. Annual Review of Plant Physiology and Plant Molecular Biology, 2007 (58): 459－481.

[4] Møller IM. Plant mitochondria and oxidative stress: Electron transport, NADPH turnover, and metabolism of reactive oxygen species [J]. Annual Review of Plant Physiology and Plant Molecular Biology, 2001 (52): 561－591.

[5] 陈强，郭修武，胡艳丽，等. 淹水对两种甜樱桃砧木根系无氧呼吸酶及发酵产物的影响 [J]. 生态学报，2007，27 (11)：4925－4931.

[6] 陈昆松，于梁，周山涛. 鸭梨果实气调贮藏的研究 [J]. 园艺学报，1991 (2)：131－137.

[7] 胡晓辉，郭世荣，李璟，等. 低氧胁迫下钙调素拮抗剂对黄瓜幼苗根系多胺含量和呼吸代谢的影响 [J]. 应用与环境生物学报，2007 (13)：475－480.

[8] 李治梅. 鸭梨、黄金梨果实结构及贮藏过程中的变化 [D]. 河北：河北农业大学，2005.

[9] 刘野，胡小松，张飞. 二氧化碳导致鸭梨褐变与细胞内钙的关系 [J]. 食品科学，2011，32 (13)：62－65.

[10] 林河通，席芳，陈绍军. 果实贮藏期间的酶促褐变 [J]. 福州大学学报，2002，30 (增刊)：696－703.

[11] 陶世蓉. 梨果实结构与耐贮性及品质关系的研究 [J]. 西北植物学报，2000，20 (4)：544—548.

[12] 王雅英，田惠桥. 高等植物的交替氧化酶研究进展 [J]. 云南植物研究，2007，29 (4)：447—456.

[13] 王颉，吴建巍. 气调贮藏对鸭梨果心褐变的影响 [J]. 中国果菜，1997 (2)：8—10.

[14] 杨菲，赵雨，王思明，等. 不同产地人参中 4 种脱氢酶活力比较 [J]. 中国农学通报，2012，28 (25)：224—228.

[15] 中国科学院北京植物研究所鸭梨黑心病研究小组. 鸭梨黑心病的研究Ⅱ：酚类物质的酶促褐变 [J]. 植物学报，1974，16 (3)：235—241.

# 第 5 章　减压处理对鸭梨黑心病的防控作用及机制

## 5.1 引　言

减压贮藏（hypobaric storage）又称为减压冷藏、真空贮藏等（Stanley，2014）。它由美国科学家 Stanley P. Burg 于 1960 年首次提出。减压贮藏技术具有“快速降氧、快速降压、快速降温”的特点，这些特点能够将果蔬采收后大量的田间热和呼吸热很快除去（常燕平，2002；谢启军和林奇，2006）。减压技术可用于新鲜水果和蔬菜、食用菌产初始加工和冷链物流，在生鲜保鲜链中发挥重大作用（郑先章等，2017）。

由于减压贮藏的先进理论和技术进步，特别是在易腐难贮藏的果蔬贮存方面，相比普通冷藏和气调贮藏（CA）有了明显的改进，因此，减压贮藏正逐步受到研究人员的重视。减压冷藏设备操作简单，与普通冷库相似，具有很强的实用性。当 $O_2$ 浓度低至 0.1%时，一些应用连续抽气型减压冷藏技术保鲜的果蔬在此条件下也不会遭受低氧损伤（Burg，2004）。因此，近年来，减压贮藏在农产品采后保鲜方面得到广泛的应用，被国际上称为 21 世纪保鲜技术。

### 5.1.1　减压贮藏技术原理

减压贮藏是一种集真空冷却、气调贮藏、低温和减压技术于一体的贮藏方式（图 5—1）。根据食品在贮藏期间的温度变化可将该过程分为减压冷却和低压贮藏两个阶段。第一步是减压和冷却，即随着环境压力的降低，果蔬表面的水分会不断蒸发，从而带走果蔬中的热量，产品的温度可以迅速达到贮藏温度的要求，该过程伴随着热量和水分的不断交换。同时贮藏环境和果蔬内部的气体成分如氧气、二氧化碳等相对含量大大降低，果蔬产品的呼吸作用和乙烯释放也被明显抑制，淀粉水解、糖分与酸的消耗等过程也被迅速抑制，从而显著延长了果蔬产品的贮藏保鲜时间。在后一阶段中即进行负压保持过程，在与密闭空间不断进行气体交换后，果蔬与环境温湿度等基本保持恒定，进而果蔬制品在此低温、负压环境下得以保鲜贮藏（王传增等，2016）。

减压贮藏技术对于保存农产品具有独特的优势，这种技术能抑制果蔬产品的生理活动以及腐败菌的繁殖生长，并能杀灭害虫。同时减压贮藏可形成一个低氧或超低氧的贮藏环境，可以抑制氧化反应产生的乙醛、乙醇等有害物质，同时低压环境可以将内源乙烯和易挥发有害物质及时排除果蔬体内，可以有效保持果蔬的品质，预防酒精中毒等生理病害。总的来说，减压技术的原理就是在普通冷库的基础上引入减压技术，并在冷藏过程中一直保持低压低温的环境。

相比于传统贮藏技术，减压贮藏技术具有以下特点（谢启军和林奇，2006）：

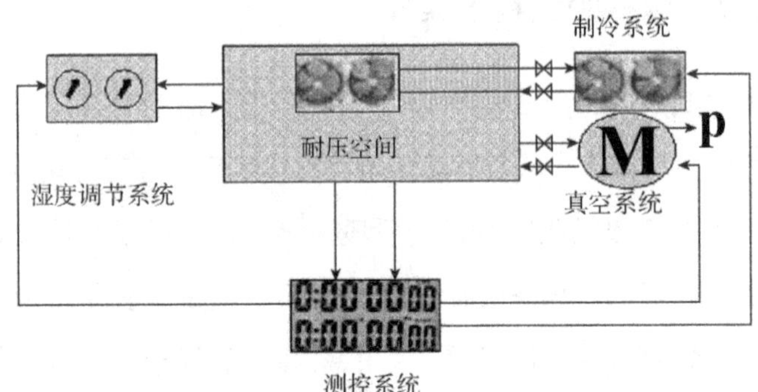


图 5—1 减压贮藏系统构造示意图（王传增等，2016）

（1）迅速冷却。

普通恒温库和气调库都不具备快速冷却的功能，要使产品迅速降温，还需要额外配备预冷设施，否则，进库的蔬菜、水果需要几十个小时甚至几天才能达到预定的贮藏温度。而减压贮藏库能够快速营造一个较低的气压环境，促进果蔬表面水分的挥发，带走果蔬表面热量，因而，整个贮藏库的产品只需几十分钟就能冷却到指定温度（谢启军和林奇，2006）。

（2）贮藏期较长。

减压贮藏技术可对果蔬进行长期贮藏保鲜。例如，与普通冷藏相比，扁豆在库温 7 ℃下进行减压贮藏的贮藏期比常规贮藏增加了两倍。与一般的冷藏相比，减压贮藏将柑橘的贮藏期延长了 80 d。使用减压技术可以将春笋的贮藏时间由 20 d 延长至 35 d，保鲜效果十分显著（陈文烜等，2005）。

（3）延长货架期。

经过减压贮藏的农产品，在出库解除减压状态后的一段时间内继续有保鲜效果，其后熟和衰老过程仍受到抑制，能够延长农产品的运输时间和货架贮藏期。

（4）减小 $CO_2$ 中毒的概率，抑制病原微生物的滋生。

减压贮藏保鲜装置营造了一个低 $O_2$、低 $CO_2$ 的密闭环境，从源头上消除贮藏果蔬产品因 $CO_2$ 中毒造成不必要的损失。在减压条件下，内源乙烯的含量急剧降低，合成也受到很大程度的抑制，此时已经不再需要使用高浓度 $CO_2$ 来抑制乙烯。此外，减压贮藏可以营造低 $CO_2$ 的储存环境，并能使组织中 $CO_2$ 分压远低于正常空气水平，从而从根本上消除 $CO_2$ 伤害的可能性。低 $O_2$ 环境也抑制了病原微生物的生长和繁殖，降低了某些侵染性病害发生的概率；负压也使得某些无残毒杀菌气体快速准确高效地进入果蔬产品组织中，有效克服了高湿与腐烂的问题。

（5）经济、节能、操作方便。

除空气外，其他气体，如 $CO_2$ 和 $N_2$，不需要在减压系统中供应，因此不需要增加制氮机和有害气体脱除设备。减压储存装置的冷却和真空是连续的，冷却速度非常快，所以减压储存的水果蔬菜不需要增加预冷环节。可根据实际需要调整开关，达到所需的条件。如有必要，可随时抽成真空或关闭，不影响产品的装卸。操作灵活，使用方便。

（6）可同时贮藏不同的产品品种。

常规贮藏过程中，不同品种堆积到一个库中，高产乙烯的果实产生的大量乙烯会加速乙烯敏感果实的衰老。减压贮藏过程中空气交换频繁，贮藏库中的乙烯气体可以迅速排出库外，防止了农产品之间相互加速衰老的作用，所以可将多种产品在同一贮藏室内贮藏。

同时减压贮藏库中温度分布均匀，即使产品在贮藏室内密集堆放，室内各部分仍能维持较均匀的温度、湿度和气体成分，所以贮藏果蔬量较大。

(7) 促进果蔬组织内挥发性气体向外扩散。

减压可以加快乙烯和其他挥发性产物如乙醛、乙醇和α-烯烃从果实组织内部向外扩散，这样可以减少这些物质造成的老化和生理疾病。

### 5.1.2 减压技术在果蔬保鲜中的应用

陈文烜等人（2004）研究了减压贮藏对黄花梨冷藏的效果，结果表明，减压贮藏可显著降低黄花梨贮藏期间的呼吸速率，减少维生素C的损失，对果实水分、硬度和可溶性总糖的保持具有很好的效果，减压贮藏还能够有效保持超氧化物歧化酶（SOD）活性，抑制过氧化氢酶（CAT）活性的增加。

胡欣等（2012）采用花王菜等多种蔬菜原料，研究了减压贮藏对鲜切果蔬的贮藏期品质的影响。其研究结果发现，采用减压冷藏法（600～3 200 Pa）对果蔬原料进行处理，然后将其切成鲜切产品，可以有效降低山药、薯类、苹果等鲜切产品的褐变。

翁建淋（2017）研究发现减压处理可以减少杧果冷害的发生。经短期减压处理（2 000～2 300 kPa）48 h后，杧果置于非温控环境（1～16 ℃）35 d，结果发现处理组仅切面处发生了轻微冷害，而相同条件下的对照组产生了严重冷害现象。

Chen等（2008）为了确定减压贮藏对枇杷品质变化的影响，在40～50 kPa的低压条件下将采收后的新鲜枇杷冷藏49 d。研究发现，低压贮藏降低了枇杷果实褐变指数，并保持了总可溶性固形物（TSS）、可滴定酸（TA）和维生素 C（Vc）的含量。此外，低压贮存延缓了过氧化物酶（POD）和苯丙氨酸解氨酶（PAL）活性的增加。结果表明，减压贮藏与低温贮藏相结合是一种可行的果蔬贮藏方法，这种方法能够有效保持枇杷果实的品质，延长产品的保质期。

刁小琴等（2011）设置了不同强度的减压处理，并探究了几种处理对花椰菜生理效应的影响。花椰菜经 24 h 不同压力处理后贮藏于（1±0.5）℃环境中。研究结果显示，60.7 kPa 处理花椰菜的呼吸强度比对照组降低 43%，经过酶活性测定，实验组花椰菜的多酚氧化酶（PPO）和过氧化物酶（POD）活性分别比对照组降低了 28.8%和 32.7%，且实验组维生素 C 含量比对照组高 55.6%，褐变指数低至 0.21。研究结果说明，适当的减压处理能够抑制花椰菜发生褐变并延缓衰老进程，从而更好地保持花椰菜的贮藏品质。

王淑琴等（2010）研究了减压处理对朝阳威鸿达枣的生理生化指标的影响，结果表明，减压贮藏处理能够让枣的失水率降低到 0.5%以下，从而保持优良的感官品质，提升好果率至 80%以上。酶活性测定结果显示，对照组枣果实的多酚氧化酶、纤维素酶、果胶酶和淀粉酶等活性较高，软化速度快。而减压贮藏抑制了枣的各种酶活性，进而延缓了枣果实衰老软化的进程，提高了枣果实的贮藏效果。这项研究进一步证明了减压贮藏是一项可应用于枣果实贮藏的有效技术。

陈文烜（2015）从多方面揭示了减压处理对果蔬采后贮藏品质的影响，并探究了减压处理对果实采后生理机制的影响。研究发现，减压技术能促进线粒体正常能量代谢，诱导了交替氧化途径的增强，这样果蔬就能在采后维持能量代谢水平，抑制活性氧的生产，保持正常代谢的能力。研究表明了减压处理具有独特的贮藏保鲜效果，能够广泛用于各种水果蔬菜的保鲜。

总的来说，减压保鲜技术降低了果蔬贮藏环境中气体的分压，进而形成一种低氧的环境状态，同时加快果蔬中有害气体向外挥发扩散，进一步减少由于这些有害物质而引起的衰老和各种生理病害，从而从根本上消除$CO_2$的毒害作用。各种研究均表明了减压条件下，果蔬的贮藏期大大延长。

本章接下来的内容为使用减压贮藏鸭梨的实验结果，将鸭梨贮藏于0.075 MPa、0.05 MPa 和 0.025 MPa 的真空度中，定期观察取样，筛选出最佳减压贮藏条件，然后对其可能的作用机制进行研究。

## 5.2 减压处理对鸭梨黑心病和品质的影响

### 5.2.1 减压处理对鸭梨果实黑心指数和黑心率的影响

图 5-2 所示为鸭梨果实经减压处理后于 0 ℃低温贮藏 3 个月后的黑心指数和黑心率。统计结果显示，0.025 MPa 处理显著地控制了鸭梨的褐变程度，黑心指数和黑心率分别较对照果低出 29.5%和 37.3%，这两个指标从黑心病的发生率和发生程度两方面都反映了 0.025 MPa 处理对鸭梨贮藏期黑心病的有效抑制。其他减压处理抑制效果不显著。

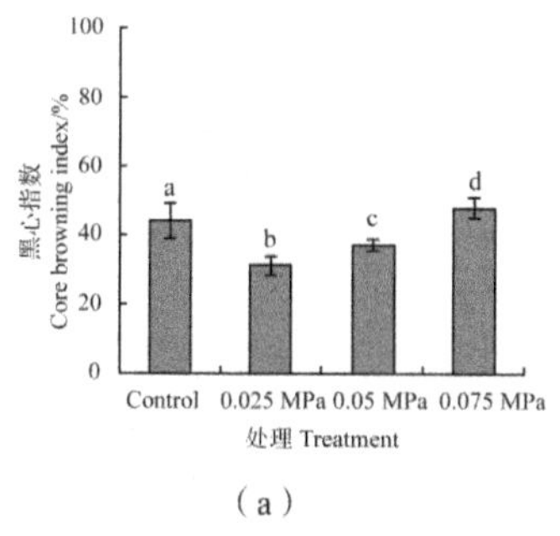


（a）

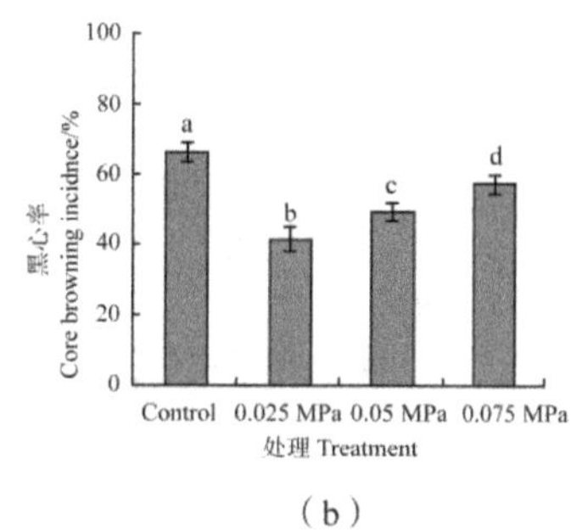


（b）

图 5－2　减压处理对鸭梨果实贮藏 3 个月后黑心指数和黑心率的影响

## 5.2.2　减压处理对鸭梨采后色泽变化的影响

减压处理对果实 L 值的影响如图 5－3（a）所示，与对照组相比，贮藏前期，减压处理对 L 值影响不大，中期 0.025 MPa、0.075 MPa 处理组果实 L 值略有提升，贮藏后期处理组果实 L 值低于对照组。减压处理对果实 a 值的影响如图 5－3（b）所示，与对照组相比，贮藏前中期减压组果实 a 值显著提升，90 d 时 0.025 MPa、0.05 MPa、0.075 MPa 处理组较对照组分别高出 34.8%、93.4%和 35.5%，贮藏后期对照组果实 a 值升高，处理组 a 值降低，120 d 时处理组果实 a 值均低于对照组。减压处理对果实 b 值的变化无显著影响。

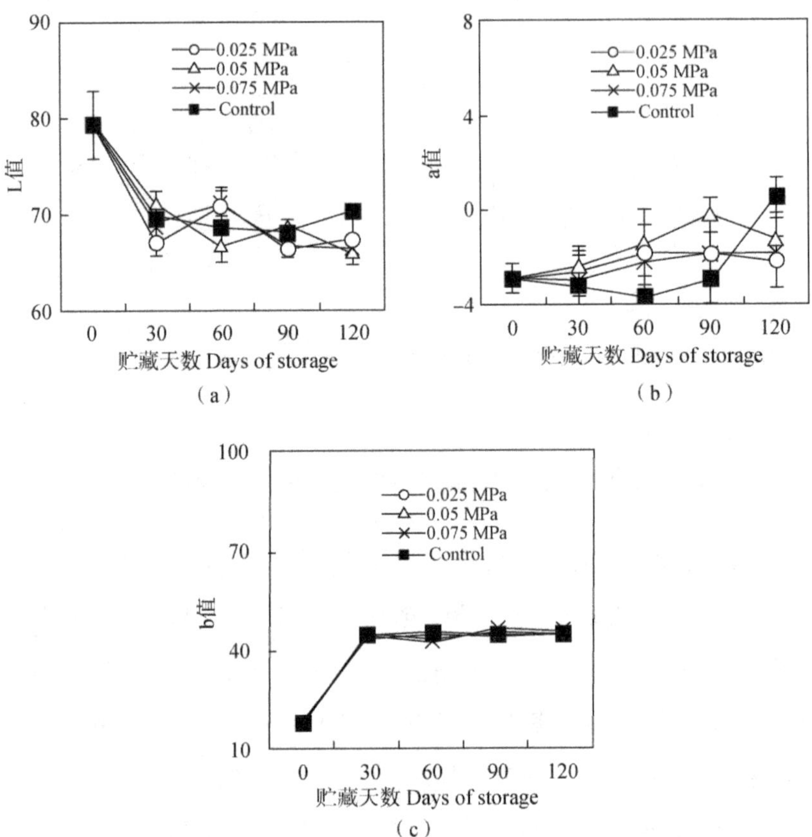


图 5—3 减压处理对鸭梨果实采后 L 值、a 值、b 值的影响

### 5.2.3 减压处理对鸭梨采后品质的影响

图 5—4 表示减压处理对鸭梨果实品质的影响。处理对贮藏前期果实硬度的影响不显著，后期则抑制了果实的硬度的下降，120 d 时 0.025 MPa、0.05 MPa、0.075 MPa 处理组果实硬度分别高出对照组 5.3%、4.9%、31.9%。减压处理对可溶性固形物含量（SSC）的影响如图 5—4（b）所示，0.025 MPa 处理组果实 SSC 含量降低，整个贮藏期内含量始终低于对照组，90 d、120 d 时含量分别低于对

照组 19.1%、10.9%。0.075 MPa 处理可降低贮藏中后期果实内 SSC 含量。如图 5－4（c），0.075 MPa 对果实可滴定酸（TA）含量影响不大，0.025 MPa 处理组 TA 含量略有提升。减压处理对 pH 的影响如图 5－4（d）所示，贮藏前期果实 pH 变化无显著差异，60 d 后 0.025 MPa 处理果实的 pH 有所提高，其他处理与对照组无显著差异。减压处理对果实的硬度、pH、可滴定酸含量影响不显著，可溶性固形物含量有所提升，果实的色泽得以改善。

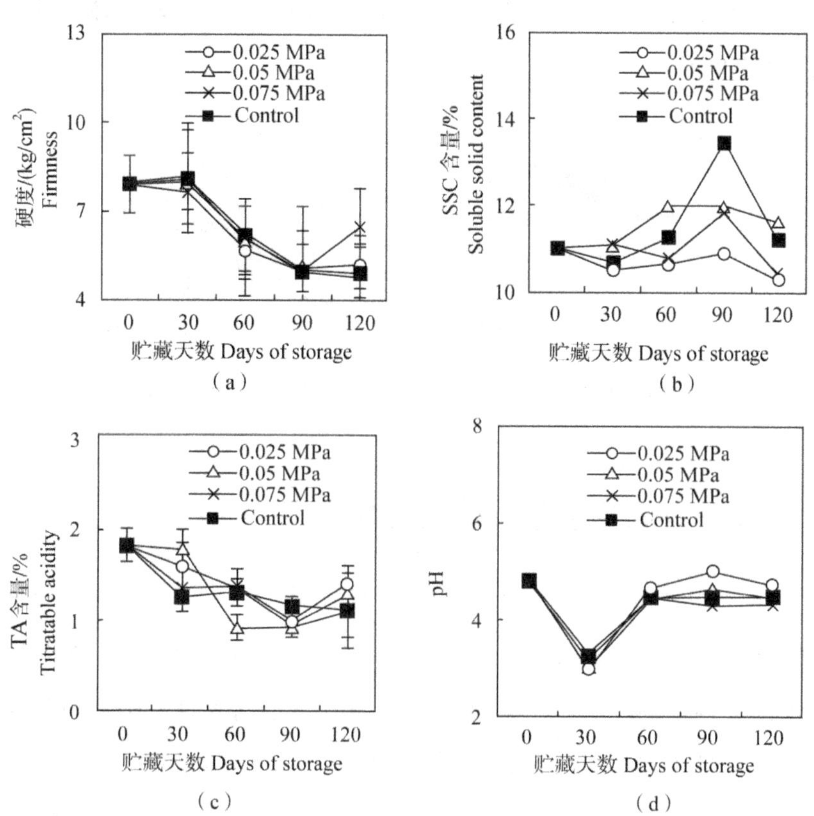


图 5－4　减压处理对鸭梨果实常温贮藏期间硬度、SSC、TA 含量和 pH 的影响

### 5.2.4 减压处理对鸭梨组织结构的影响

通过对超微结构的观察，进一步研究果实内部变化，由图 5—5 可知，对照组细胞器数量丰富，能观察到结构完整的叶绿体和线粒体，细胞壁呈松散状，随着减压强度的增加，0.025 MPa 处理组果肉细胞结构完整，0.025 MPa 处理时，细胞明显液泡化，果实细胞壁中胶层更加致密，各类膜结构完整，区隔化明显，线粒体、叶绿体数量丰富。

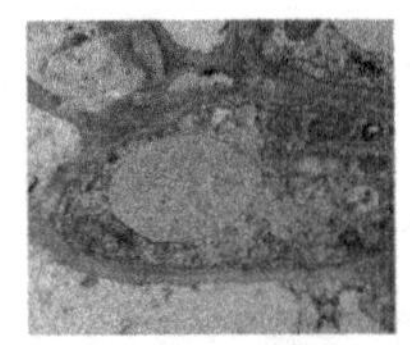

（a）0 MPa 组超微结构 10000×

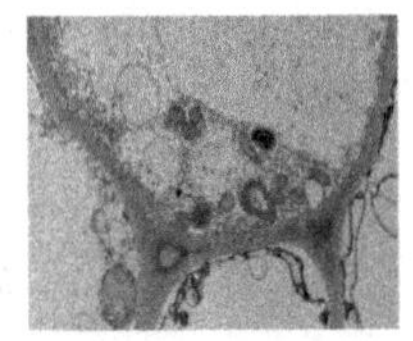

（b）0.025 MPa组超微结构10000×

图 5—5 减压处理对鸭梨果实贮藏 4 个月后超微结构的影响

## 5.3 减压处理对鸭梨呼吸代谢的影响

0.025 MPa 减压处理对果实乙醇脱氢酶（ADH）活性的影响如图 5—6（a）所示，ADH 活性呈上升趋势，贮藏前期，减压处理对 ADH 活性影响不大，中期高出对照组且出现高峰值，随后对照组 ADH 活性升高，处理组 ADH 活性降低，120 d 时低于对照组 16.8%。0.025 MPa 处理对果实 SDH 活性的影响如图（b）所示。减压处理后，果实琥珀酸脱氢酶（SDH）活性降低，30 d、60 d、90 d 时SDH 活性分别低于对照组 18.2%、8.2%、16.2%。减压处理后果实的细胞色素 C 氧化酶（CCO）活性增大，60 d、90 d、120 d 时分别高出对照组 17.8%、16.7%、55.2%。0.025 MPa 减压处理对果实的交替氧化酶（AOX）活性影响不大，贮藏后期处理组 AOX 活性略有提升，90 d、120 d 时分别高出对照组 2.4%、0.4%。鸭梨果实经 0.025 MPa 减压处理后，呼吸强度增大，呼吸途径中的几种关键酶活性受处理影响显著，处理组 ADH 活性升高，SDH 活性降低。同时在贮藏期内，CCO 活性高出对照组，且差异显著。处理后果实的 AOX 活性也略有提升。结合鸭梨超微结构可知，处理后果实内部呼吸代谢增强，线粒体的功能特性提升，果实发生褐变的概率下降。

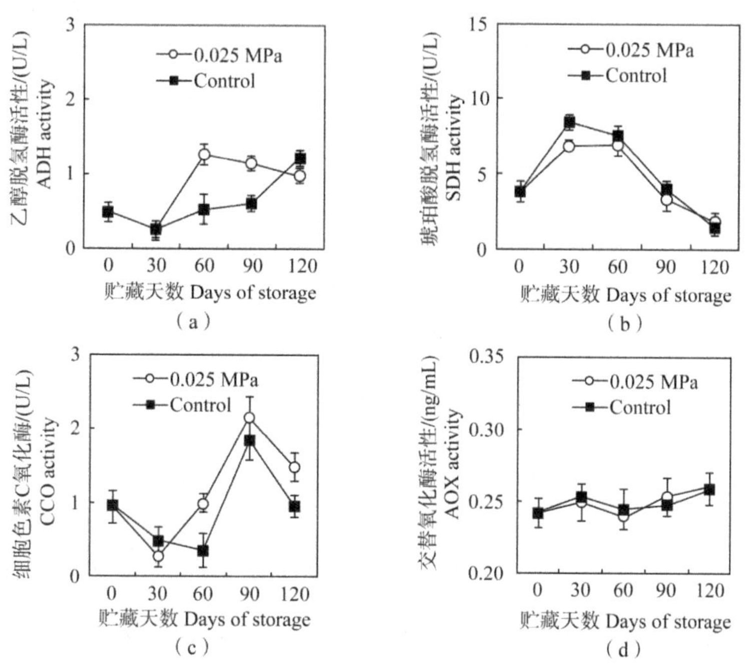


图 5－6　减压处理对鸭梨果实呼吸代谢酶乙醇脱氢酶、琥珀酸脱氢酶、细胞色素 C 氧化酶和交替氧化酶活性的影响

## 5.4 减压处理对鸭梨活性氧代谢的影响

### 5.4.1 减压处理对鸭梨果实贮藏期间活性氧物质含量的影响

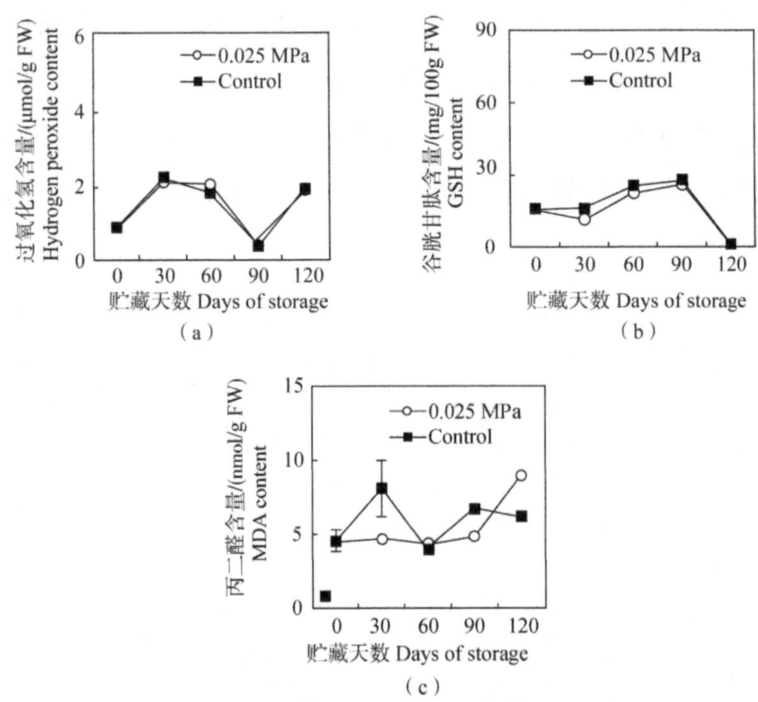


图 5—7 减压处理对鸭梨果实过氧化氢、谷胱甘肽和丙二醛含量的影响

减压处理对鸭梨果实过氧化氢（$H_2O_2$）含量的影响如图5—7（a）所示，0.025 MPa 处理对鸭梨果实的 $H_2O_2$ 含量影响不大。如图 5—7（b）所示，整个贮藏期内，0.025 MPa 减压处理后果实谷胱甘肽（GSH）含量略低于对照组。丙二醛（MDA）是细胞质膜氧

化的产物，减压处理对鸭梨果实的 MDA 含量影响如图 5－7（c）所示，与对照组相比，0.025 MPa 减压处理降低了果实 MDA 含量，30 d、90 d 时减压处理组果实 MDA 含量分别低于对照组 41.4%、26.6%，贮藏后期处理组果实 MDA 含量略有升高。

### 5.4.2　减压处理对鸭梨果实贮藏期间活性氧酶活性的影响

鸭梨果实在贮藏过程中逐渐衰老，过氧化物酶（POD）活性也逐渐下降，本实验中，减压处理提高了果实的 POD 活性，对延缓果实的衰老进程有重要作用。鸭梨果实的过氧化氢酶（CAT）活性在贮藏期间是呈先下降后上升的趋势，减压处理增大了贮藏后期鸭梨果实的 CAT 活性。减压处理后，鸭梨果实 CAT 活性明显高于对照组，随后活性迅速下降，60 d 时活性低于对照组 68%，后期变化无明显差异。减压处理后，果实中抗坏血酸过氧化物酶（APX）活性降低，随着贮藏期的延长，活性逐渐增大，120 d 时，高出对照组 48%。多酚氧化酶（PPO）能催化酚类物质氧化形成褐色的醌类物质，被认为是果蔬产品采后褐变的最重要的酶，抑制 PPO 活性可减轻果实褐变。减压处理明显降低了鸭梨果实的 PPO 活性，这可能是减压处理抑制鸭梨果实黑心褐变的原因之一。如图 5－8（c）所示，鸭梨果实的 PPO 活性下降，30 d、60 d、90 d 时分别低于对照组 44.4%、70%、5.6%。0.025 MPa 减压处理后果实 POD 活性显著升高，30 d 时活性为 97.19 U $\cdot$ $g^{-1}$FW，高出对照组 96.3%。

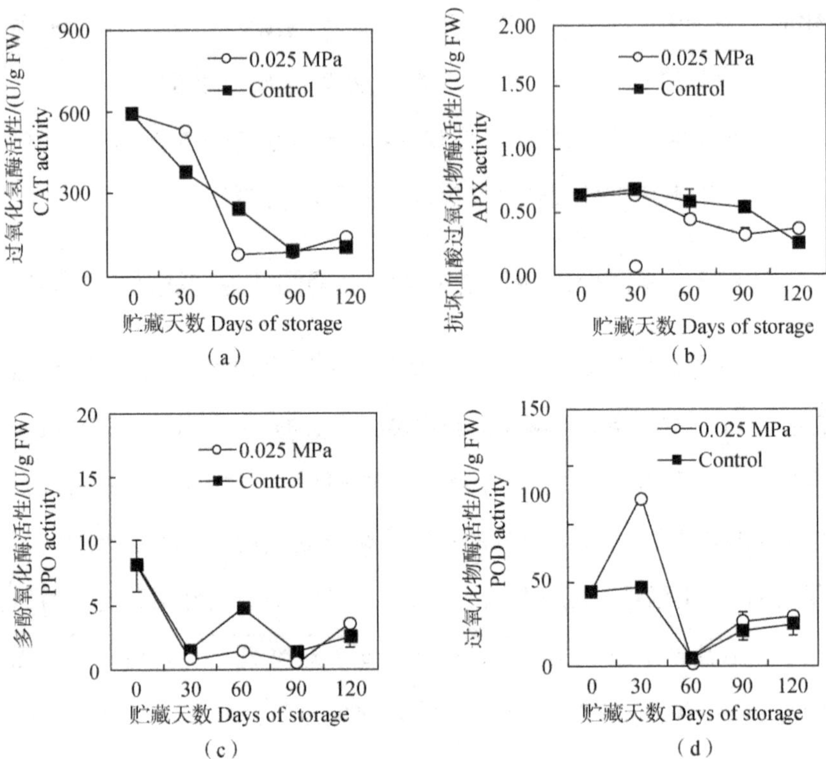


图 5—8　减压处理对鸭梨过氧化氢酶、抗坏血酸过氧化物酶、多酚氧化酶和过氧化物酶活性的影响

## 参考文献

[1] Burg S P, Burg S P. Postharvest physiology and hypobaric storage of fresh produce [M]. CABI Publishing, 2004.

[2] Burg S P, E A Burg. Fruit storage at subatmospheric pressure [J]. Science, 1966, 153 (3733): 314—315.

[3] Chen H, Mao J, Zheng Y. Effects of hypobaric storage on quality and flesh leatheriness of cold-stored loquat fruit [J]. Transactions of the Chinese

Society of Agricultural Engineering，2008，24（6）：245－249.

[4] Stanley P. Burg. Hypobaric Storage in Food Industry [M]. Academic Press，2014：161－186.

[5] 常燕平. 减压贮藏新技术的研究与发展前景 [J]. 粮油加工与食品机械，2002（2）：8－9.

[6] 陈文烜，郜海燕，毛金林，等. 黄花梨减压贮藏保鲜技术研究 [J]. 食品科学，2004（11）：326－329.

[7] 陈文烜，周拥军，陈杭军，等. 春笋减压贮藏保鲜技术研究 [J]. 食品科技，2005，(10)：80－83.

[8] 陈文烜. 水蜜桃、梨减压保鲜技术及机制研究 [D]. 中国农业大学，2015.

[9] 刁小琴，关海宁，张润光，等. 减压处理对菜花贮期生理效应的影响 [J]. 食品科学，2011，32（2）：302－304.

[10] 胡欣，张长峰，郑先章. 减压冷藏技术对鲜切果蔬保鲜效果的研究 [J]. 保鲜与加工，2012，12（6）：17－20，24.

[11] 王传增，董飞，张雪丹，等. 果蔬减压保鲜贮藏研究进展 [J]. 农学学报，2016，6（3）：68－71.

[12] 王淑琴，颜廷才，李江阔. 减压贮藏对朝阳大平顶枣衰老软化影响的研究 [J]. 食品科技，2010，35（10）：60－65.

[13] 翁建淋. 减压冷藏对芒果采后保鲜效果的影响 [D]. 福建农林大学，2017.

[14] 谢启军，林奇. 减压保鲜技术的研究进展 [J]. 现代食品科技，2006（3）：294－296.

[15] 谢雯君，庞杰，陈晶晶. 芒果保鲜技术及其运销措施 [J]. 保鲜与加工，2002，2（2）：24 －25.

[16] 郑先章，郑郐，熊伟勇. 减压处理保鲜技术研究与应用前景 [J]. 保鲜与加工，2017，17（3）：124－128，132.

# 第6章　短时超低氧处理（氮气冲击）对鸭梨黑心病的防控作用及机制

## 6.1　引　言

超低氧贮藏是一种将储存环境中 $O_2$ 浓度降低到 2%或更低的贮藏方法。1978 年，超低氧贮藏保鲜技术开始出现在英国。近年来，随着气调贮藏的推广和普及，超低氧气调俨然已成为继气调贮藏后相关学者研究的又一个新热点。超低氧贮藏技术原理在于，果蔬等农产品在超低氧的贮藏环境下，氧气浓度较低，呼吸作用受到明显的抑制，导致呼吸强度降低，农产品基本处于休眠状态，延缓了呼吸作用中营养物质的消耗，减少硬度下降以及果蔬采后的腐败，保持较好的色泽和品质，从而营养成分及风味品质得到较好的保存。同时超低氧环境可抑制或杀灭各种微生物或植物病虫害。近年来，大量相关的研究发现，超低氧贮藏方法对果蔬贮藏并非绝对有害，如果该贮藏技术应用得当的话，对果蔬采后贮藏期间的品质保持方面能够起到许多积极作用（陈守江，2012）。因此，人们在超低氧处理技术对果蔬采后生理代谢的影响方面投入了越来越多的研究，在原来气调贮藏技术的基础上，又出现了超低氧贮藏技术和超高二氧化碳贮藏技术（徐康等，2007）。

### 6.1.1 超低氧气调与普通控制气调（CA）的异同

#### 6.1.1.1 保鲜原理相同

果蔬等农产品都是具有呼吸作用的活的生命体，不论未采收还是采收入库后的贮藏阶段，果蔬始终进行着呼吸作用。超低氧气调和控制气调的保鲜都是基于果实呼吸作用的原理，二者都是通过降低库内 $O_2$ 浓度，从而削弱果实生理活动和呼吸作用，延缓了营养物质的损耗，保持果品的口感和味道，延缓衰老进程，抑制或杀灭微生物，在最适宜的温湿度条件下，达到最佳的贮藏保鲜效果。

#### 6.1.1.2 配套系统相同

超低氧气调和一般气调（CA）的配套系统相同，包括制冷系统、加湿系统、气调系统和中央控制系统。这些系统中的主要设备有制 $N_2$ 机、$CO_2$ 清除器、加湿器等。果蔬入库后，贮藏环境温度稳定在指定状态后，根据每个库中贮藏的果蔬种类的不同，分别设定所需参数，开启工作系统，每个系统都会自动调节以达到并保持指定的环境条件（陈永春，2011）。

#### 6.1.1.3 控制 $O_2$ 范围不同

气调贮藏使果蔬保持正常的生理状态，通过人工调控贮藏环境中的氧气、二氧化碳、乙烯等气体的比例，抑制果蔬呼吸作用，减少果蔬中营养成分的消耗，延长果蔬贮藏期。超低氧气调库则对 $O_2$ 浓度的控制下限更低。在正常的空气中，氮气占 78%（约 4/5），氧气占 21%（约 1/5），稀有气体占 0.94%，二氧化碳占 0.03%，其他杂质占 0.03%。普通的气调库可以把氧气含量降低到 3%～5%，而超低氧气调库可以将氧气含量降至2%以下，甚至可以低于1%，这种超低的氧气含量更加抑制果蔬的呼吸作用，从而能达到更好的贮存和保鲜效果。

#### 6.1.1.4 库体结构要求不同

与普通的气调库相比，超低氧（ULO）气调贮藏对库体结构要求更加严格，对气密性的要求更高，因此必须使用优质的保温和气密材料，以及最严格的安装和气密处理，这样就能防止库体本身或是气压和热胀冷缩等原因造成的变形，以保障最理想的超低氧的气密性（陈永春，2011）。

### 6.1.2 超低氧贮藏技术在果蔬产品中的应用

#### 6.1.2.1 利用超低氧保持果实的硬度

桃果实经过超低氧（<1%）处理24 h和48 h后再转移至空气中，果肉硬度的下降有所减慢。鳄梨置于1%和0.25%超低氧气环境中，或者在3%$O_2$下处理24 h后再放入1%和0.25%氧气环境中，实验结果显示超低氧贮藏方法能够很好地保持产品的硬度，而且经过一段时间的低氧适应（3%$O_2$前处理）后，能够增强农产品对超低氧环境（1%和0.25%$O_2$）的耐受性。同理，在对鳄梨进行低氧预处理中，实验结果表明超低氧处理降低了果实的软化速度（Majed等，2001）。另外，国内也有相关的报道，李丽萍（1998）等利用单果真空包装对冷藏涩柿进行研究，结果表明真空袋单果包装可以很好地保持果实的硬度。

#### 6.1.2.2　超低氧贮藏延缓色泽的变化

Ma 和 Chen（2003）的研究结果表明低氧 CA 贮藏“Comice”梨果能够很好地保持果皮的鲜艳色泽。低氧处理也可以延迟韭菜的黄化，抑制叶绿素的降解（Yoshihiro，2003）。0.7 kPa 的低 $O_2$ 或者初始 0.4 kPa 的低 $O_2$ 处理有效地抑制了苹果的色泽变化（Zanella，2003）。无氧处理同样能够延缓西红柿和芦笋（Anastasios，2001）等产品贮藏期间的颜色的变化。

#### 6.1.2.3　超低氧处理抑制腐败菌活动，减少贮藏腐烂

果蔬的腐败变质主要是由各种微生物的侵染造成的，经超低氧处理后，环境中氧气浓度极低，这种极缺氧的环境可以抑制或杀死大部分需氧微生物，就可以大大降低水果的腐烂率或延缓水果的腐烂进程。相关研究表明，在 0.3% $O_2$ 并结合 0 ℃或 6 ℃低温冷藏和直接在 0 ℃空气中冷藏的樱桃果实在实验过程中没有出现任何腐烂，而在 6 ℃空气条件下冷藏的樱桃，24 d 以后出现严重腐烂（田世平，2000）。徐康和王庆国（2006）研究了超低氧（体积分数 1.6%±0.1%）贮藏方法对富士苹果贮藏品质的影响。这项研究结果表明，与空气贮藏和冷藏相比，经超低氧贮藏的苹果呼吸强度较低，并且果实硬度、可溶性固形物含量以及果实酸、糖、VC 的损失大大减少。在 $O_2$ 体积分数为 1.6%±0.1%的条件下，苹果的生理指标最好，虎皮病发病率最低，好果率最高，但苦味痤疮发生率较高。与对照组相比，超低氧处理的果实保质期质量最好。Shellie（2002）研究发现 0.05%～0.10%的低氧处理能够明显抑制葡萄柚贮藏期间绿霉的生长。

#### 6.1.2.4 其他应用

李鹏霞等（2009）利用核桃作为原材料研究了常温下贮藏 180 d 后的核桃所发生的生理及品质变化。在实验过程中，将核桃分别置于含 $O_2$量为（2±1)%、(5±1)%、(10±1)%的密闭容器中，对照组设置为空气中贮藏的核桃。实验结果表明，在低氧环境下贮藏的核桃呼吸速率被明显抑制，并且可溶性蛋白、总脂肪和可溶性糖含量也普遍高于对照组。研究还表明，在 180 d 贮藏期内 5%的低氧环境的保鲜效果最好。由此可见，低氧贮藏能显著降低核桃的呼吸速率，并能延缓呼吸底物的消耗，保持果实贮藏品质。

绿变是影响马铃薯采后品质的关键因素。孟卫芹等人（2012）研究了 24 小时荧光灯照射下的温度 20 ℃，相对湿度 80%和 85%，贮藏 3 个月的马铃薯经超低氧（ULOA 0.3%±0.05 $O_2$）处理 3 天和 6 天后能抑制绿变指数，并能有效抑制 VC 的降低，其中超低氧处理 6 天的抑制效果最为显著。

陈守江和王海鸥（2015）以酥梨为实验材料，研究了超低氧处理对梨果皮中 α-法尼烯和共轭三烯含量的影响。在实验过程中，贮藏前为梨果实营造了一个超低氧的环境。实验测定了梨果实果皮中 α-法尼烯和共轭三烯的含量。经过超低氧处理后，梨果皮中萜烯含量和组成有所变化，而恰恰梨的品质与萜类物质的含量和组成有直接关系。结果表明，低氧处理对果实贮藏品质有一定的影响。

### 6.1.3 超低氧贮藏技术的优点和不足之处

超低氧贮藏是一种行之有效的物理贮藏保存方法，大概有以下几方面的优点。由于环境中氧气含量降低，能够不同程度地抑制果蔬呼吸、果皮和果肉发黄、果实软化程度及腐败速度。因此，超低氧贮藏能够降低生理病害，使贮藏品质得到提高，进而保持较好的颜色及较稳定的品质，延长货架期。同时还可杀死病虫害，减少化学药剂对果蔬的污染，克服传统贮藏保鲜方法中化学试剂残留的弊端，达到安全、营养的效果。另外，超低氧贮藏技术可提高蔬菜贮藏温度，减少氧气浓度，并且降低果蔬产品的呼吸作用，相对提高贮藏温度，避免冻伤现象，节约能源。与此同时，经超低氧贮藏后果蔬贮藏期间的品质维持较好，比贮藏在冰点中的时间要长。

然而，因为储存环境中的氧浓度很低，容易使果蔬发生无氧呼吸，导致果蔬内部乙醇、乙醛含量比冷藏或气调环境条件高得多。另外，由于目前的气调库密封程度达不到规定标准，建造高密封程度的冷藏库成本又比较高，投资风险大，实际生产和应用难度较大。但是，简易超低氧环境条件可以通过高阻隔性塑料薄膜材料实现密封与超低氧的维持。

低氧贮藏作为一种新型的贮藏保鲜方法有其独特的优势，但是很多方面尚需开展深入的研究，在建造超低氧气调库及设备方面降低成本，特别是加强对简易超低氧方法的研究。目前，应加快低温快速脱氧剂的研究和开发，使它们适用于超低氧条件下的新型防腐材料，这样不仅可提高我国果蔬、鱼、肉等食品和其他农副产品的产量与品质，而且在占领国际市场份额方面也有重要的影响。

### 6.1.4　气体冲击处理技术

气体冲击处理是一种超低氧物理保存方法，能抑制果蔬的有机消耗，达到保鲜的目的。氮气（$N_2$）和氩气（Ar）等惰性气体能发挥积极的生化作用，和氧分子竞争酶的结合位点，从而抑制果蔬褐变和呼吸代谢中一些重要酶类的活性，对果蔬的贮藏保鲜具有积极的意义（Lentheric I，1999；Brennan，1977）。现有研究表明，采用短时气体冲击处理可有效地保鲜鳄梨和青苹果（Loulakakis CA，2006；Revital S A，2011）。本章使用氮气对鸭梨果实进行短时(48 h)冲击处理，探讨对果实黑心病和品质的影响，以及可能的影响机制。

## 6.2 短时氮气冲击处理对鸭梨黑心病和品质的影响

### 6.2.1 氮气处理对鸭梨果实黑心指数和黑心率的影响

鸭梨黑心病是影响鸭梨果实贮藏品质的重要指标。鸭梨果实经48 h的$N_2$处理后于0 ℃低温贮藏3个月后的黑心率和黑心指数如下。统计结果显示，48 h的$N_2$处理显著地控制了鸭梨的黑心病($P<0.05$)，鸭梨果实的黑心率和黑心指数分别较对照果低34%和29.9%。这两个指标从黑心病的发生率和发生程度两方面都反映了48 h的$N_2$处理对鸭梨贮藏期黑心病的有效抑制。

### 6.2.2 氮气处理对鸭梨采后色泽变化的影响

贮藏期间，随着时间的延长，果实L值不断下降，氮气处理对果实L值的影响如图6—1（a）所示，与对照相比，氮气处理后果实L值明显提升。果实a值在贮藏期内呈上升趋势，氮气处理对果实a值的影响如图6—1（b）所示，与对照组相比，氮气处理后果实a值提升，尤其是贮藏后期，90 d高出对照组62.3%。氮气处理对果实b值的影响如图6—1（c）所示，随着时间的延长，果实b值呈上升趋势，处理对果实b值的变化无显著影响。

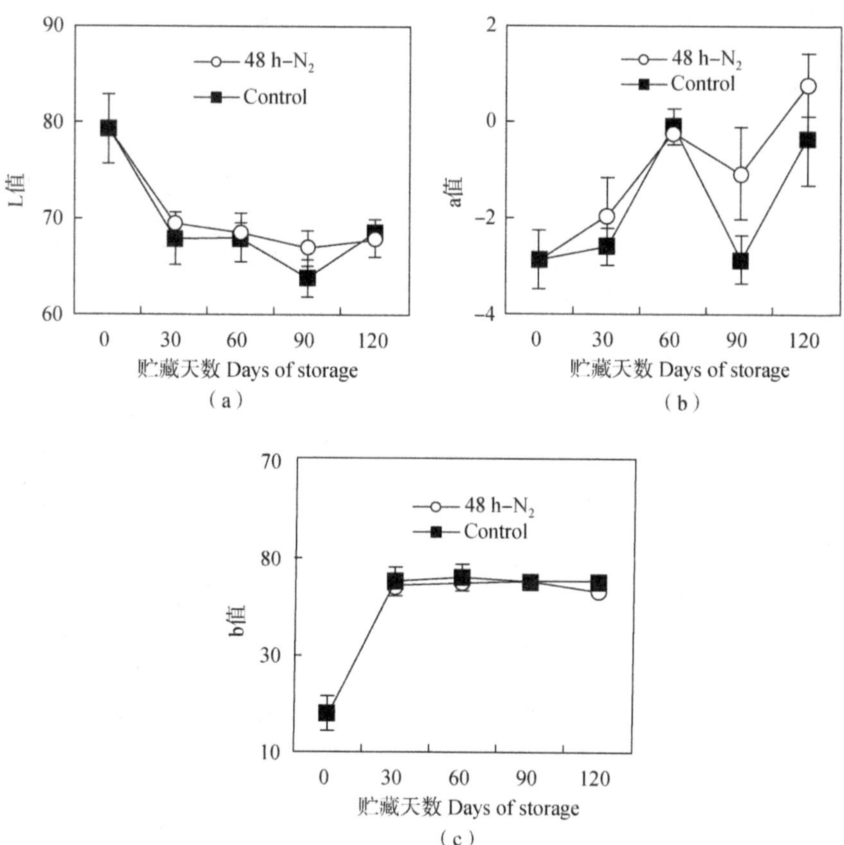


图 6—1　氮气处理对鸭梨果实采后 L 值、a 值、b 值的影响

### 6.2.3　氮气处理对鸭梨采后品质的影响

氮气处理对鸭梨果实品质影响如图 6—2 所示，由图 6—2（a）可知，随着贮藏时间的延长，果实硬度不断下降，与对照组相比，60 d 时氮气处理果实硬度高出对照组 25%，其他时期无显著差异。研究表明，48 h 氮气处理对鸭梨果实的感官品质有明显的保鲜效果，

处理提高了果实硬度。氮气处理组果实可溶性固形物含量显著提升，30 d、60 d、90 d、120 d 分别高于对照组 8.4%、8.8%、0.3%、6.6%。氮气处理对可滴定酸 TA 含量的影响如图 6－2（c）所示，果实采后的 TA 含量呈下降趋势，氮气处理对贮藏前期 TA 含量影响不大，30 d 后，处理组果实 TA 含量明显高出对照组，60 d、90 d 分别高出对照组 62.4%、33.9%。由图 6－2（d）可知，氮气处理对果实的 pH 影响不大。

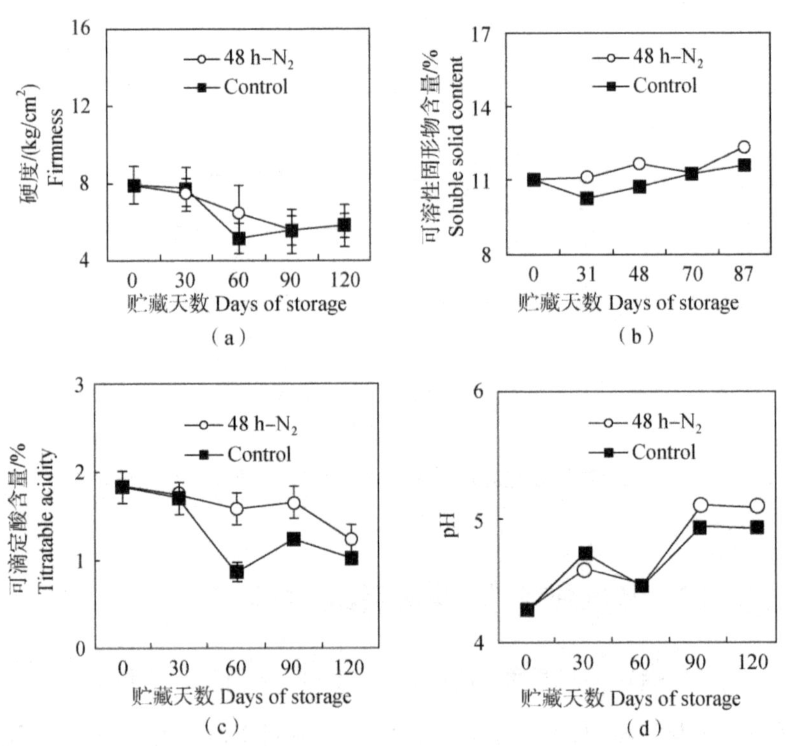


图 6－2　氮气处理对鸭梨果实常温贮藏期间硬度、SSC 含量、TA 含量和 pH 的影响

### 6.2.4　氮气处理对鸭梨组织结构的影响

如图 6—3 所示，对照组果实果肉细胞排列整齐，细胞器数量丰富，能观察到结构完整的叶绿体和线粒体，质膜和液泡膜结构正常，维持着正常的代谢水平。48 h 氮气处理组，果肉细胞明显液泡化，细胞质及其内含物被挤至靠近胞壁的边缘，叶绿体等细胞器结构完整清晰；细胞壁结构完整，中胶层为高电子密度的暗层，细胞初生壁与中胶层结合紧密，呈现明一暗一明区域结构。

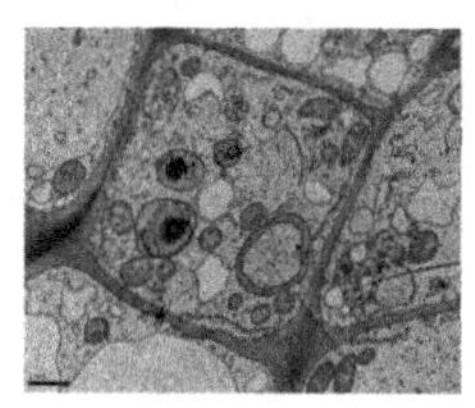

（a）对照组超微结构 10000×

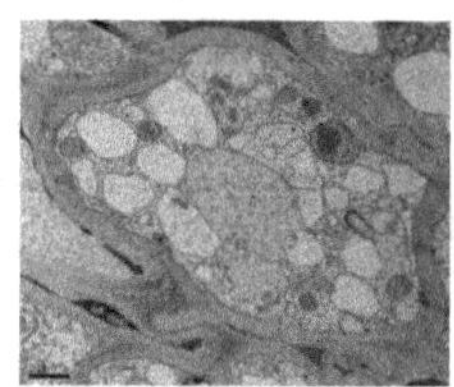

（b）48 h 氮气处理组超微结构 10000×

图 6—3　氮气处理对鸭梨果实贮藏 4 个月后超微结构的影响

## 6.3　短时氮气冲击处理对鸭梨呼吸代谢的影响

氮气处理对果实乙醇脱氢酶（ADH）活性的影响如图 6—4（a）所示，贮藏前期，氮气处理组果实 ADH 活性显著低于对照组，随着贮藏时间的延长，ADH 活性升高，后期高出对照组。如图 6—4（b）所示，贮藏期间，果实的琥珀酸脱氢酶（SDH）活性先增大后减小，48 h 氮气处理后，果实的 SDH 活性降低，整个贮藏期内 SDH 活性始终低于对照组，90 d、120 d 时 SDH 活性分别低于对照组 33.6%、28.7%。氮气处理对细胞色素 C 氧化酶（CCO）活性的影响如图 6—4（c）所示，由图可知 48 h 氮气处理果实的 CCO 活力均高于对照组，60 d、90 d、120 d 分别高出对照组 59.3%、30.7%、11.7%。48 h 氮气处理对交替氧化酶（AOX）活性的影响如图 6－4（d）所示，由图可知，处理对果实的 AOX 活性影响不大，30 d、60 d 时活性略有提升。

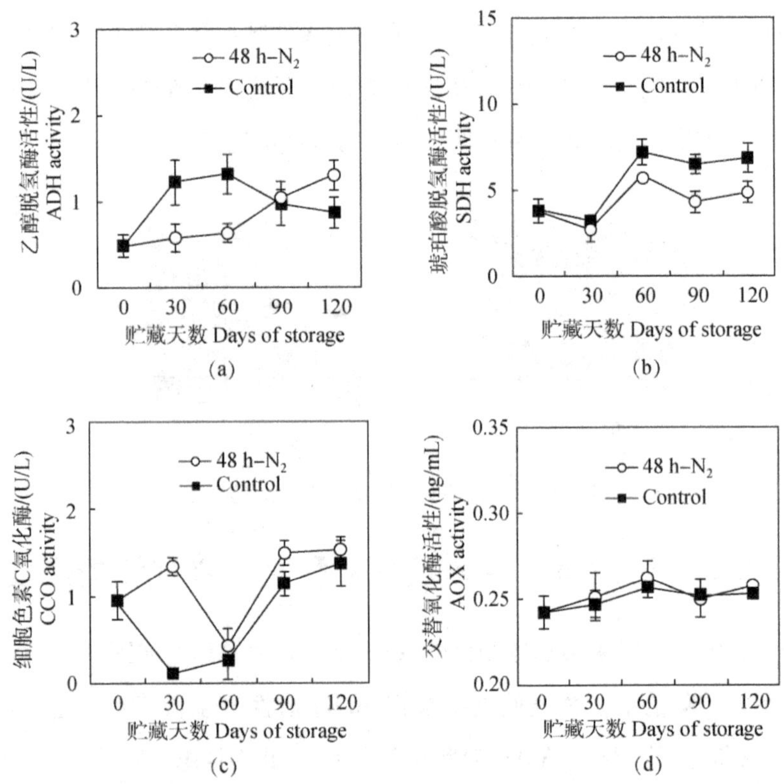


图 6－4　氮气处理对鸭梨果实呼吸代谢酶乙醇脱氢酶、琥珀酸脱氢酶、细胞色素 C 氧化酶和交替氧化酶活性的影响

鸭梨果实经氮气处理后，呼吸强度增大，且呼吸途径中的几种关键酶活力受处理变化显著，贮藏前期处理组 ADH 活性显著降低，

后期活性略有增大，但差异不显著。处理后果实的 SDH 活性降低，CCO 活性迅速升高。同时在整个贮藏期内，处理后果实的 AOX 活性也略有提升。结合鸭梨超微结构可知，处理后果实内部呼吸代谢增强，线粒体的功能特性提升，果实发生褐变的概率下降。

## 6.4　短时氮气冲击处理对鸭梨活性氧代谢的影响

### 6.4.1　氮气处理对鸭梨果实贮藏期间活性氧物质含量的影响

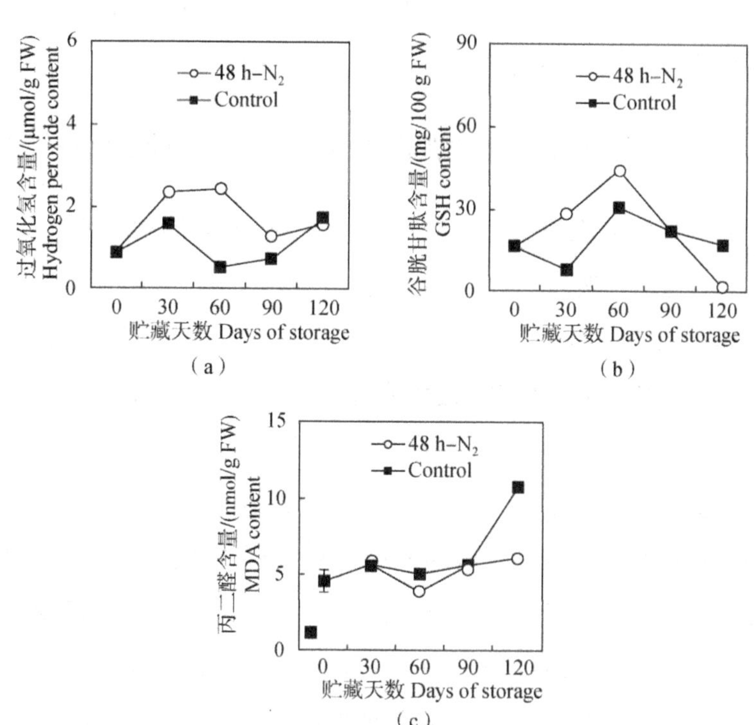


图 6—5　氮气处理对鸭梨果实过氧化氢、谷胱甘肽和丙二醛含量的影响

如图6—5（a）所示，48 h氮气处理对过氧化氢含量变化影响较大，果实经处理后，过氧化氢含量显著变大，30 d时含量高出对照组46.5%，这一趋势维持到60 d，随后含量迅速下降，贮藏至120 d时含量低于对照组。如图6—5（b）所示，果实经氮气处理后，0～90 d贮藏果实谷胱甘肽（GSH）含量显著高于对照组，30 d时含量约为对照组含量的3～4倍，60 d时含量达到高峰值43.97 mg/100 g Fw，高出对照组45.9%。120 d时含量下降，低于对照组。氮气处理对鸭梨果实的丙二醛（MDA）含量影响如图6—5（c）所示，丙二醛的含量呈上升趋势，与对照组相比，氮气处理降低了果实MDA含量，120 d时48 h处理组果实MDA含量较对照组降低43.04%，说明细胞膜氧化被有效抑制。

### 6.4.2　氮气处理对鸭梨果实贮藏期间活性氧酶活性的影响

48 h氮气处理对果实过氧化氢酶（CAT）影响如图6—6（a）所示，处理后果实的CAT活力升高，30 d、90 d、120 d时，分别比对照组高出68.9%、567%、22.4%。同时，如图6—6（b），在贮藏后期氮气处理果实的抗坏血酸过氧化物酶（APX）活性显著高于对照组，120 d时,处理组APX活性高出对照组37.3%。由6—6（c）可知，果实的多酚氧化酶（PPO）活性先降低后升高，对照组90 d时出现最低值，PPO活性为0.36 U/g FW，48 h氮气处理组60 d时出现最低值，PPO活性为1.42 U/g FW，120 d时，氮气处理组果实的PPO活性低于对照组10.1%。POD活性变化与植物抗病性密切相关，氮气处理可通过提高POD活性增强果实抗病性。由图6—6（d）可知，果实在贮藏60 d时，果实过氧化物酶（POD）活性出现峰值，对照组 POD 活性为 88.23 mg/100 g FW，处理组 POD 活性为 48.64 mg/100 g FW，低于对照组 44.9%。90 d 后活性呈上升趋势，处理组 POD 活性逐渐高于对照组。

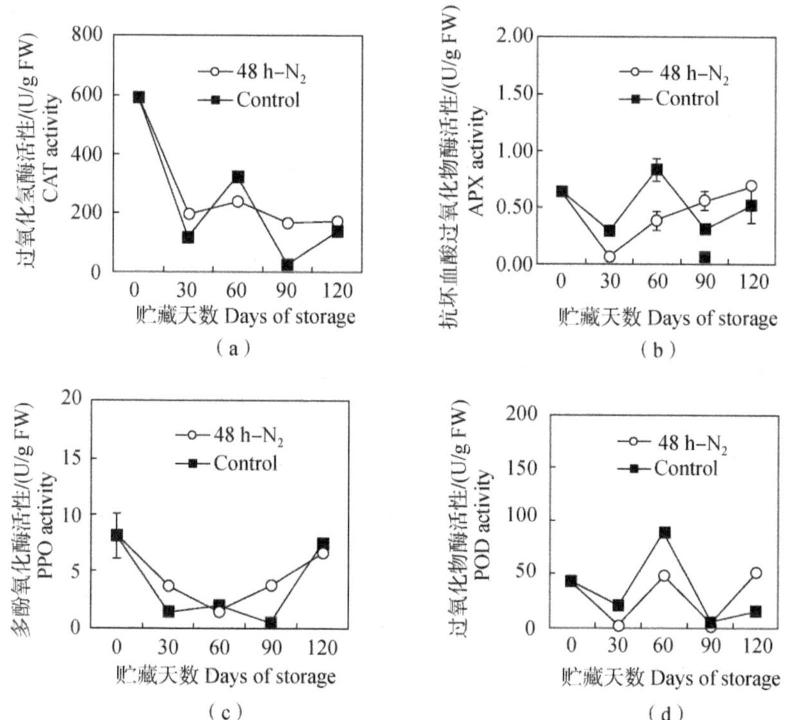


图 6—6　氮气处理对鸭梨过氧化氢酶活性、抗坏血酸过氧化物酶、过氧化物酶和多酚氧化酶活性的影响

## 参考文献

［1］ Anastasios S Siomos, Constantinos C Dogras, Evangelos M Sfakiotakis. Color development in harvested white asparagus spears in relation to carbon dioxide and oxygen concentration［J］. Postharvest Biology and Technology, 2001, 23 (3).

[2] Brennan, T, Frenkel C. Involvement of hydrogen peroxide in the regulation of senescence in pear [J]. Plant Physiol, 1977 (59): 41—46.

[3] Lentheric I, Pinto E, Vendrerll M, et al. Harvest date affects the antioxidative systems in pear fruits [J]. Journal of Horticultural Science & Biotechnology, 1999, 74 (6): 791—795.

[4] Loulakakis C A, Hassan M, Gerasopoulos D, et al. Effects of low oxygen on invitro translation products of poly (A) + RNA, cellulase and alcohol dehydrogenase expression in preclimacteric and ripening-initiated avocado fruit [J]. Postharvest Biology and Technology, 2006, 39 (1): 29—37.

[5] Ma S S, Chen P M. Storage disorder and ripening behavior of 'Doyenne du Comice' pears in relation to storage conditions [J]. Postharvest Biology & Technology, 2003, 28 (2): 281—294.

[6] Majed El-Mir, Dimitrios Gerasopoulos, Ioannis Metzidakis, Angelos K Kanellis. Hypoxic acclimation prevents avocado mesocarp injury caused by subsequent exposure to extreme low oxygen atmospheres [J]. Postharvest Biology and Technology, 2001, 23 (3).

[7] Revital S A, Oleg F, Eduard B, et al. Low oxygen and 1 - MCP pretreatments delay superficial scald development by reducing reactive oxygen species (ROS) accumulation in stored "Granny Smith" apples [J]. Postharvest Biology and Technology, 2011, 62 (3): 295—304.

[8] Shellie K C. Ultra—low oxygen refrigerated storage of 'rio red' grapefruit: fungistatic activity and fruit quality [J]. Postharvest Biology & Technology, 2002, 25 (1): 73—85.

[9] Yoshihiro Imahori, Yoshitaka Suzuki, Kazuko Uemura, et al. Physiological and quality responses of Chinese chive leaves to low oxygen atmosphere [J]. Postharvest Biology and Technology, 2003, 31 (3).

[10] Zanella A. Control of apple superficial scald and ripening—A comparison between 1－methylcyclopropene and diphenylamine postharvest treatments, initial low oxygen stress and ultra low oxygen storage [J]. Postharvest Biology & Technology, 2003, 27 (1): 69－78.

[11] 陈守江. 果蔬采后超低氧保鲜技术研究进展 [J]. 南京晓庄学院学报，2012，28 (6)：1－4.

[12] 陈守江，王海鸥. 低氧胁迫对酥梨贮藏期间果皮中 α－法尼烯和共轭三烯及果实品质的影响 [J]. 江苏农业科学，2015，43 (1)：261－263.

[13] 陈永春. 超低氧气调贮藏技术 [J]. 新疆农垦科技，2011，34 (6)：59.

[14] 李丽萍，韩涛，刘佳阳，等. 单果真空包装对冷藏涩柿品质和有关生化变化的影响 [J]. 农业工程学报，1998 (1)：238－242.

[15] 李鹏霞，王炜，梁丽松，等. 常温下低氧贮藏对核桃生理和品质的影响 [J]. 浙江农业科学，2009 (5)：939－941.

[16] 孟卫芹，牟文良，王庆国. 超低氧处理对采后马铃薯绿变及品质变化的影响 [J]. 保鲜与加工，2012，12 (1)：32－36.

[17] 田世平. 冷藏条件下超低氧处理对樱桃果实中乙醇、乙醛和甲醇含量的影响 [J]. 植物生理学报，2000，36 (3)：201－204.

[18] 徐康，王庆国，庄青. 超低氧贮藏技术研究进展 [J]. 保鲜与加工，2007 (3)：19－21.

[19] 徐康，王庆国. 超低氧贮藏富士苹果的初步研究 [J]. 食品与发酵工业，2006 (12)：167－170.

# 第 7 章　抗坏血酸处理对鸭梨黑心病的防控作用及机制

## 7.1　抗坏血酸在果蔬保鲜中的应用

### 7.1.1　抗坏血酸简介

抗坏血酸（Ascorbic acid，AsA）即维生素 C（Vitamin C）是一种重要的水溶性小分子维生素。AsA 同时具有还原态和氧化态。在干燥条件下，AsA 是一种白色无味的晶体，以稳定的还原态形式存在，但它在水溶液中很容易被氧化成游离型抗坏血酸。AsA 还会通过自发的非酶歧化反应形成氧化态的脱氢抗坏血酸，脱氢抗坏血酸不稳定，极易被不可逆地降解为 2，3-二酮-古洛糖酸，或重新生成 AsA。

AsA 在生物体中是一种重要的抗氧化剂，它具有重要的代谢功能和抗氧化作用，是生命体进行正常生理代谢活动所必需的营养物质。AsA 可以还原一系列生化反应，参与肉毒碱、组胺和其他肾上腺甾体激素的生物合成，是许多胶原蛋白及结缔组织合成不可缺少的物质。如果 AsA 供应不足，则会导致坏血病的发生。近年来，对于抗坏血酸的研究越来越多，抗坏血酸作为一种安全性很高的活性氧清除剂，它不仅在叶绿体类囊体表面的过氧化氢清除过程中作为还原剂直接清除活性氧，而且在保护细胞膜结构和减少膜脂过氧化方面也很重要。一般来说，植物的抗病性和耐受性与抗坏血酸有直接关系，植物体内抗坏血酸增多，会大大增强植物耐受炎热、寒冷和盐碱等逆境的能力。在植物体内抗坏血酸广泛存在，几乎所有植物的细胞器中都含有抗坏血酸。植物体不仅能自身合成抗坏血酸，还可通过抗坏血酸谷胱甘肽（AsA－GSH）循环系统进行再生。大量相关研究表明，抗坏血酸适当处理农产品，如水晶梨、杏葡萄、荔枝等，可以延长它们的货架期，大大提高果蔬的抗氧化能力。同时，AsA 能有效地抑制酶促褐变，使鲜切果蔬保持较好的颜色，而且抗坏血酸处理还能补充因鲜切而损失的 VC。（王静，2012）。

### 7.1.2　抗坏血酸的生物学功能

作为一种天然的防腐剂，抗坏血酸有着很强的抗氧化性，能够清除 $O^{2-}$ 和 $H_2O_2$，保护细胞膜，进而延缓细胞衰老进程。抗坏血酸还可以维持植物体内其他抗氧化活性物质的含量，如维生素、不饱和脂肪酸等（孙宁静，2014）。并且 AsA 在植物叶片、切花、种子和块根上均表现出很好的防腐效果。因此，研究抗坏血酸的保鲜作用对于农产品发展有重要意义（巩素娟，2013）。

AsA 作为植物体内重要的水溶性维生素，它能够使植物具有抗逆和抗病性。同时，AsA 及其氧化产物能够通过多种方式来影响植物细胞壁的变化。首先，AsA 能清除自由基，从而达到保护细胞壁的作用。其次，氧化型抗坏血酸（DHA）可与细胞壁蛋白的赖氨酸和精氨酸侧链发生反应，从而防止蛋白质交联。此外，草酸能够通过多种途径影响植物细胞壁代谢，而 AsA 恰恰是草酸生物合成的底物（王力等，2010）。AsA 还参与细胞壁胞外多糖的切割，细胞壁的膨胀和疏松进一步影响细胞壁的变化。这些结果都能表明 AsA 可以通过多种途径参与或调节植物细胞壁代谢，从而影响果实的品质。

### 7.1.3 抗坏血酸在果蔬保鲜中的应用实例

莫亿伟（2010）等人以荔枝为实验材料，在多菌灵 500 mg/L＋Spock 3 mL/L＋柠檬酸 15.0 mmol/L 溶液中加入 AsA（50.0 mmol/L）和 GSH（50.0 mmol/L），浸泡荔枝果实 5 min，并在室温下贮藏。研究结果表明，经过 AsA 和 GSH 处理后，荔枝果皮多酚氧化酶（PPO）活性以及过氧化氢（$H_2O_2$）和丙二醛（MDA）的含量降低了，而超氧化物歧化酶（SOD）和过氧化氢酶（CAT）活性有所增加。AsA 和 GSH 的含量则维持在一个相对稳定的水平。同时发现，低温下 AsA 和 GSH 处理均能降低果实的腐烂率，提高荔枝的货架期，AsA 的保鲜效果要优于 GSH 处理。

张柳等人（2011）在低温贮藏条件下研究了不同浓度 AsA 处理对李果实冷害发生及营养物质的影响，进而探索出了缓解李果实冷害的新方法。经过 12 天的冷藏处理后，对照组中的李果实的可滴定酸（TA）含量、AsA 含量都急剧降低，而还原糖、可溶性蛋白、总糖含量却明显增加，并且冷害指数逐渐升高，这说明此时冷害已经发生。相反，经过 AsA 处理的李果实，蛋白质、还原糖、总糖含量的上升趋势有所减缓，可滴定酸、AsA 含量下降缓慢，冷害指数明显减小。该研究说明了 AsA 处理能够明显地抑制李果实发生冷害，使李果实保持较好的贮藏品质。

王静（2012）研究了采后龙眼褐变的原因，以及外源 AsA 对褐变发生的控制和生理生化机制研究（图 7－1）。该研究结果表明了AsA 处理能够明显抑制采后龙眼的褐变象，降低龙眼果实呼吸速率，减少果肉自溶的发生以及营养品质的下降，进而降低了果实失重率和腐烂率。研究还表明，AsA 能保持龙眼果实 SOD、CAT、抗坏血酸过氧化物酶（APX）的活性以及内源抗氧化剂（GSH、AsA 和类黄酮）的含量，进而保护植物体内活性氧清除系统，防止过多自由基带来的损伤。

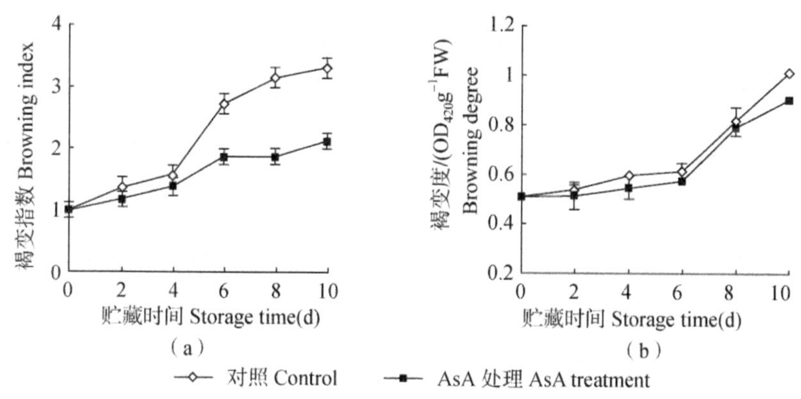


图 7—1　抗坏血酸处理对采后龙眼果实果皮褐变指数和褐变度的影响（王静，2012）

范林林等人（2015）研究了不同保鲜剂及热处理对鲜切苹果品质的影响。在实验过程中，对鲜切苹果（Malusdomestica）分别在 1.5%柠檬酸溶液、1.5%异抗坏血酸钠溶液、0.08%溶菌酶溶液和 50 ℃的水浴中浸泡，并在 2 min 后沥干，随后用 0.08 mm 厚度 CPP（流延聚丙烯薄膜，cast polypropylene）进行包装密封，并放置在 4 ℃冷库中贮藏。研究结果表明，虽然不同保鲜剂及热处理都能维持鲜切苹果的感官品质，但是以1.5%异抗坏血酸钠溶液浸泡处理的鲜切苹果的保鲜效果最优。

田密霞等人（2008）用0.025 mol/L、0.05 mol/L和0.075 mol/L浓度的AsA处理鲜切梨果实，研究其贮藏期间的褐变和营养物质的变化。研究结果表明，AsA处理能减轻果蔬表面褐变程度，防止果实变软，降低AsA的损失量，进而提高鲜切果实的营养成分。

吴娱等人（2008）分别用清水、0.1 mmol/L、1 mmol/L和10 mmol/L浓度的AsA处理桃果实，在室温（20±1）℃下放置贮藏，并测定了桃果实贮藏期间的生理特性、物质组成以及酶活性。研究结果表明，AsA处理显著保持了桃果实的硬度，延缓了可溶性果胶含量的上升，并有效抑制了PPO和过氧化物酶（POD）的活性，对桃果实品质的保持有很好的效果。

安建申等人（2004）用柠檬酸结合AsA处理香菇，进行保鲜效果的研究。研究结果表明，柠檬酸和AsA处理可以抑制香菇的呼吸作用，较好地维持香菇的香气，降低香菇在贮藏期的损失。

Sun等（2010）发现AsA复合壳聚糖处理荔枝果实，提高了荔枝果实抗氧化酶活性，降低了荔枝果实褐变率，保鲜效果好。Shao等（2011）也发现AsA处理可降低李果实褐变率，保持果实品质，延长果实贮藏期。

王静（2015）研究了外源AsA对猕猴桃的保鲜效果。采后猕猴桃果实在0.5%AsA溶液中浸泡20 min，随后在常温下贮藏。研究结果表明，AsA处理降低了猕猴桃果实的呼吸速率，抑制了乙烯的释放，增加了细胞膜的通透性，延缓了果实营养品质下降及果实重量损失，维持了较高的好果率。表明外源AsA是猕猴桃采后贮藏保鲜的一种可行方法。

刘锴栋等人（2012）研究了不同 AsA 浓度处理对圣女果果实保鲜效果的影响（图 7－2）。研究结果表明，50 mmol/L ASA 浸泡处理 30 min 效果最好。在此条件下，ASA 处理能有效保持圣女果果实的硬度，延缓了可溶性固形物含量的增加，延缓果实成熟衰老，提高 SOD 活性，抑制 PPO 活性，并延缓 AsA 含量下降。该实验证明了外源 AsA 能有效地抑制采后圣女果的成熟衰老进程，对圣女果有着重要的保鲜效果。

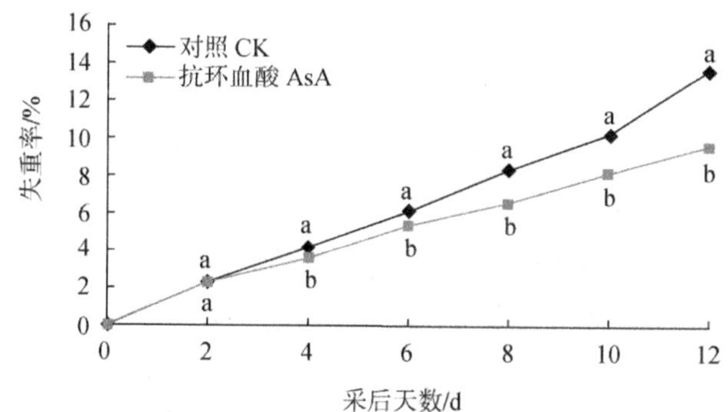


图 7—2　抗坏血酸处理对圣女果果实失重率的影响（刘锴栋，2012）

杜善保和邹养军（2007）用 5 mmol/L 的 AsA 处理杏果实，并研究了 AsA 对果实衰老相关生理指标的影响。该研究结果表明，随着果实衰老的进行，果实硬度急剧下降，细胞膜通透性增加，膜脂过氧化反应后的 MDA 含量有所增加，CAT 以及 POD 活性降低。该研究结果表明，ASA 处理延缓了 MDA 的累积，维持了抗氧化酶的活性，较好地保持了果实硬度，保护了细胞膜的结构，延缓了果实衰老进程。

以“牛心柿”为实验材料，用5%ASA溶液处理柿果，并监测贮藏期内果实的软化程度以及细胞壁降解程度，测定了抗氧化酶活性等相关指标。该研究结果表明，与对照组相比，AsA处理对“牛心柿”果实的保鲜效果非常显著，外源AsA处理更好地保持了柿果实硬度和果皮颜色。同时，外源AsA减缓了整个贮藏期内源抗坏血酸的降低，抑制了POD活性和MDA的积累，有效地保护了果实抗氧化系统。因此，抗坏血酸在采收后的应用不仅可以延长柿果实的保质期，还能提高果实品质。

## 7.2 抗坏血酸处理对鸭梨黑心病的防控作用①

AsA处理鸭梨果实的过程为：鸭梨放入50 L的钢制真空干燥器中，通过阀门连接至真空泵，在25 ℃条件下用0.1 mM，1.0 mM或10.0 mM AsA（北京生化公司，中国北京）在−50 kN·$m^{-2}$下真空渗透5 min，在相同条件下用蒸馏水作为对照。处理后，将果实在12 ℃条件下贮存，并在30天内逐渐冷却至0 ℃（以每5天下降2 ℃的速度），然后置于空气中，保持0 ℃和相对湿度80%～90%的环境。果实定期取样观察，统计相关指标。（Lin等，2007）

### 7.2.1 AsA处理对鸭梨的果心褐变和品质的影响

贮藏180天后，用AsA处理的梨果实与对照果实的黑心指数（CBI）不同。与对照果实相比，用0.1mM、1.0 mM或10.0 mM AsA处理的果实，其CBI随着AsA浓度的增加而分别下降约

① Lin L, Li Q P, Wang B G, et al. Inhibition of core browning in “Yali” pear fruit by post-harvest treatment with ascorbic acid [J]. Journal of Pomology & Horticultural Science, 2007, 82 (3): 397−402.

10.3%、24.5%或 40.0%（图 7—3）。

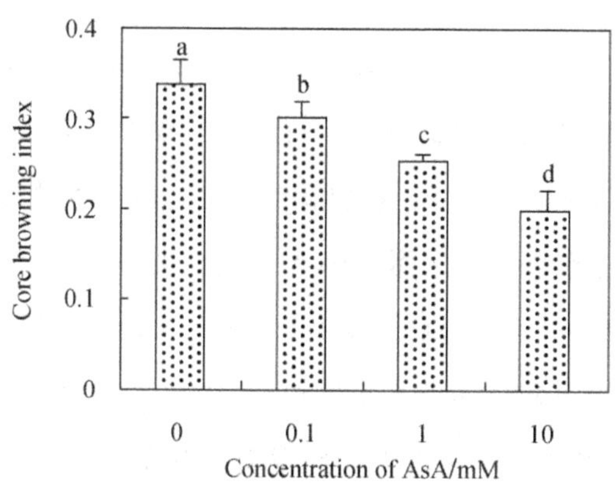


图 7—3　不同浓度抗坏血酸处理对鸭梨黑心病的影响

180 天后，AsA 处理果实表现出较好的果实硬度和较高的可溶性固形物含量，且随着 AsA 浓度的增加，作用效果更明显。10.0 mM AsA 处理的果实表现出最好的硬度和 SSC。AsA 处理对 TA 的影响与其对 SSC 和硬度的影响趋势不同。用 1.0 mM AsA 处理的果实具有比用 0.1 mM 或 10.0 mM AsA 处理的果实更高的 TA 值（表 7—1）。

表 7—1　不同浓度抗坏血酸对鸭梨品质的影响

| | 180 days' storage | | | |
|---|---|---|---|---|
| | Control | 0.1 mM AsA | 1.0 mM AsA | 10.0 mM AsA |
| 硬度（N） | 51.4±0.9 a | 52.6±1.1 a | 56.8±1.2 b | 59.5±1.7 c |
| 可溶性固形物（%） | 9.88±0.26 a | 9.92±0.09 a | 10.25±0.06 a | 10.75±0.08 b |
| 可滴定酸（%） | 0.12±0.004 a | 0.09±0.005 b | 0.12±0.002 a | 0.10±0.003 b |

### 7.2.2 AsA 处理对鸭梨中活性氧代谢的影响

对照果的 $H_2O_2$ 含量在贮藏的前 60 天迅速增加，随后逐渐下降，AsA 处理的果实也有类似的变化趋势，但 AsA 处理后果实的 $H_2O_2$ 水平显著低于对照果实。对照组和 AsA 处理的果实在整个贮藏期间 MDA 水平均逐渐增加；然而，AsA 处理显著降低了 MDA 水平。在 0 ℃条件下贮藏 60 天、120 天或 180 天后，10.0 mM AsA 处理的果实的 MDA 含量分别比对照果实低约 25.6%、21.2%和 24.2%。

在对照果实中，AsA 水平在贮藏期间下降，并且在采后 AsA 处理中被抑制。10.0 mM AsA 处理的果实在贮藏 60 天和 180 天后分别比对照组增加约 65.2%和 75.9%。AsA 处理的果实显示出比未处理的对照果实相对更高的 GSH 水平，尤其是在贮藏 60 天后。

在 10.0 mM AsA 处理的果实中，SOD 活性的峰值在贮藏 60 天后出现，比对照果实 60 天时的活性高出 21.1%。对照果实的 CAT 活性在贮藏期间略微增加，随后稳定下降。虽然在 AsA 处理的果实中观察到类似的变化，但 CAT 活性与对照果实相比较高。在贮藏 20 天后，AsA 处理的果实中的 CAT 活性比对照果实高约 32.7%。APX 活性在对照组和 AsA 处理的果实中都有增加，在第 60 天达到峰值，然后下降。AsA 处理的果实与对照果实相比，APX 活性增加程度较低，然而，AsA 处理的果实在贮藏 60 天后比对照果实保持更高的 APX 活性。

### 7.2.3 ASA 控制鸭梨黑心的可能机制

先前关于梨果心褐变的研究表明，果心褐变是由细胞膜结构降解和分解诱发的，并导致酚化合物被 PPO 催化氧化成 β—醌 。这种膜的解体可能是由活性氧（ROS）引起的膜脂过氧化造成的，这是氧化损伤的一个指标。在此次研究中发现，果心褐变伴随有 $H_2O_2$ 的积累和 MDA 水平的升高，这可能代表膜脂质过氧化的程度。抗氧化能力的下降通常与预防 ROS 损伤的能力降低有关，这与生理障碍的发生有一定联系，如本研究中观察到的鸭梨中的果心褐变。

AsA 可以将 α-醌还原成它们的前体酚，并在 PPO 反应中作为底物被氧化。据报道，AsA 可防止鲜切水果（如切片苹果、哈密瓜等）的褐变。此外，AsA 在 ROS 的解毒中扮演着重要角色。据报道，外源 AsA 可以防止大豆根瘤和大麦叶片的氧化损伤。氧化损伤的程度可以通过过氧化氢的水平这一重要的衰老机制来表示，也可通过测量 MDA 的产量来评估。ROS 的积聚如 $H_2O_2$ 和超氧自由基，可能与脂质过氧化有关。在我们的研究中，AsA 处理降低了鸭梨果实中 $H_2O_2$ 和 MDA 的水平。大麦叶片中也出现了类似的结果。这些结果表明，AsA 处理可以抑制 ROS 的积累，并提高果实防止氧化损伤的能力，这与生理障碍和衰老的发生率有关。如我们的研究所示，用 AsA 进行真空处理似乎是降低鸭梨中果心褐变的发生率并保持贮藏期间的采后品质（如硬度）的有效方式。这些效果伴随着内源性 AsA 水平的增加。

为了防止氧化损伤，水果配备了由抗氧化剂和抗氧化酶组成的抗氧化系统。AsA 和 GSH 是非酶体系中两种主要的低分子量抗氧化剂。AsA 作为 $H_2O_2$ 最重要的底物参与 $H_2O_2$ 解毒过程，或作为酶促清除 $H_2O_2$ 过程中 APX 的电子供体。

在抗氧化防御中，GSH 可以与自由基反应，或者作为还原剂使

AsA 再生。我们的研究结果还表明，鸭梨贮藏期间 AsA 水平的下降可以通过用外源 AsA 处理果实而延迟。此外，作为 AsA 再生中还原底物的高水平 GSH 可能与果实中高水平的 AsA 相关。近年来，梨的果心褐变与 AsA 水平之间存在关系。一些研究表明，AsA 含量较高的果实仅发生轻微的褐变，而当贮藏期间 AsA 水平下降到临界阈值以下时，果心褐变开始发生。与对照果实相比，在长时间贮藏期间 AsA 处理的果实中 AsA 含量更高，CBI 含量更低。作为抗氧化剂，AsA 和 GSH 的减少被认为与降低氧化损伤的能力有关。基于我们的结果，AsA 处理的果实具有更高水平的 AsA 和 GSH，表明它们相较于对照果实，具有更强的限制氧化损伤的能力。

一般认为 ROS 的积累和伴随着果实衰老的氧化损伤的发生与抗氧化酶活性的降低相关。SOD 和 CAT 是抗 ROS 的主要防御系统的一部分。SOD 在 $O^{2-}$ 形成 $H_2O_2$ 过程中起着关键作用，CAT 参与 $H_2O_2$ 的降解。在我们的研究中，与对照组相比，AsA 处理提高了 SOD 和 CAT 活性，这可能解释了为什么 AsA 处理的果实中 $H_2O_2$ 和脂质过氧化（MDA 水平）的水平较低。在一项相关的研究中，我们观察到用 1 - MCP 处理的鸭梨的果心褐变发生率下降可能与 SOD 和 CAT 活性增加有关。$CO_2$ 处理的梨果实具有较少的褐色果心，在贮藏后具有较高的 CAT 活性。涉及 AsA 增强 CAT 活性的机制尚不清楚，需要进一步研究。

APX 在将 $H_2O_2$ 转化为水方面也很重要，需要 AsA 作为电子供体。我们的研究表明，在用 AsA 处理的果实中，贮藏 60 天后观察到的 APX 活性较低可能与较高水平的 AsA 有关，虽然此后维持相对较高的 APX 活性。该研究的结果表明 AsA 处理延迟了抗氧化酶活性的降低并改善了酶抗氧化防御系统。

## 7.3　壳聚糖在果蔬保鲜中的应用

### 7.3.1　壳聚糖简介

近年来，人们对食品包装的安全性和环境友好性的要求越来越高，科研人员正在不断探索安全、天然、可降解的保鲜材料。而壳聚糖就是这样一种值得利用的、性能优越的保鲜材料。

壳聚糖又称为脱乙酰基甲壳素、聚葡萄糖胺（1－4）－2－氨基-β－D 葡萄糖，是甲壳素部分或全部脱乙酰基的产物。甲壳素是自然界中除了纤维素以外的第二大生物资源，在虾、蟹和昆虫等甲壳类动物的外壳及藻类、菌类的细胞壁中都广泛存在。壳聚糖主要从这些废弃的虾壳、蟹壳中提取，不但可以作为廉价、绿色无污染且性能优异的包装保鲜材料，而且可以缓解这些废弃物带来的环境污染压力（林天颖等，2012）。由甲壳素制得的壳聚糖是一种很好的可再生的资源。

19 世纪中期，壳聚糖首次由欧洲学者 Rouget 制得，壳聚糖凭借自身的天然性、安全性和无毒性等优点，在果蔬保鲜方面发挥着越来越重要的作用。壳聚糖是自然界中唯一的碱性多糖，也是一种相对分子质量较高的阳离子直链多糖。壳聚糖特有的结构，决定了它具有多种独特的理化特性，如黏度、吸水性、保湿性、成膜性、增稠性、凝胶性等（董泽义等，2014）。

壳聚糖主要具有以下优良特性（王颖等，2012）：①颜色为白色、灰白色或淡黄色，略有珍珠光泽，为半透明片状固体；②水溶性差，不溶于中性或碱性溶液，但能溶于大多数稀酸中，如盐酸、醋酸，特别在 pH 为 5～6 时，壳聚糖具有最高活性；③在储藏过程中，壳聚糖溶液容易发生降解，因此要现配现用；④安全性好，无毒且具有良好的成膜性能，壳聚糖经过交联反应能形成与人工合成的螯合树脂极为相似的螯合物。壳聚糖应用于果蔬表面，可以形成无色透明的膜。有一定的机械强度和重复实用性，螯合金属离子的性能也大大改善；⑤具有杀菌消毒的作用（胡慧玲和宋建峰，2009）。

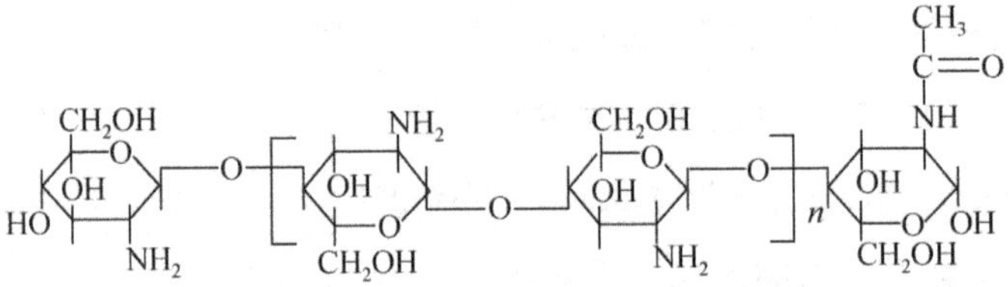

图 7—4　壳聚糖的化学结构（刘峥颢等，2005）

壳聚糖不仅可以作为功能性食品添加剂，而且对人体有一定的生理保健功能。壳聚糖能够增强人的免疫力，改善肠道内环境，降低血清中的胆固醇的含量，调节人体内环境的平衡，吸附排泄重金属，抑制细菌活性等。因此，壳聚糖被认为是继蛋白质、脂肪、碳水化合物、维生素和矿物质之后的第六大生命因子。正因为壳聚糖具有以上诸多生理生化功能，所以又被称作“万能多糖”（刘峥颢等，2005）。因为壳聚糖的生物功能性、低毒性、生物相容性以及可降解性和无毒性这些优点，在生物、食品、医药、化妆品等方面的市场前景广阔（吴昊，2011；马承和罗庆熙，2008）。

### 7.3.2　壳聚糖保鲜的作用机制

#### 7.3.2.1　壳聚糖分子具有微观网状结构，有很强的保水性能

一般来讲，果蔬中含较多的水分，水分也是影响果蔬鲜度和风味的重要因素。果蔬采后失去外源水分补充，容易失水萎蔫，造成品质下降。壳聚糖及其衍生物的分子链中含有羧基，由于负电荷对羧基的相互排斥作用，聚合物链的空间延伸特别大，同时分子中也存在亲水性基团，对水分子有很强的作用力。因此，壳聚糖能大大减缓水果蔬菜中水分的蒸腾，延缓果蔬萎蔫的发生，降低果蔬的失重率（林天颖等，2012）。

#### 7.3.2.2　壳聚糖具有很好的成膜特性（阻气性）

壳聚糖及其衍生物能在果蔬表面形成一层无色、阻气、阻水的薄膜，该膜还具有气体选择渗透性，可以调节果蔬与环境气体的交换，这样果实内就形成了一个低 $O_2$、高 $CO_2$ 浓度的良好的微气调环境，这种环境能抑制呼吸作用，降低果实内营养物质间的相互转化和呼吸产生的物质消耗（El Ghaouth A et al，1992）。进入果实的氧气减少后，活性氧的形成相应会减少，进而可以减少自由基离子产生的损害，抑制乙烯的产生，降低膜脂的过氧化和其他需要氧气参加的生理生化过程（王瑛等，2012）。这在一定程度上延缓细胞膜的损伤和细胞衰老死亡过程，从而达到延长果蔬贮藏期的效果（胡晓亮，周国燕，2011）。壳聚糖涂膜可以使果实贮存过程中的糖酵解一三羧酸循环途径在总呼吸中所占的比例降低，磷酸戊糖途径所占的比例升高（胡文玉和邹良栋，1998）。

(3) 壳聚糖具有优良的抑菌性能。

壳聚糖及其衍生物高分子链可以在菌体表面形成一层致密的膜，进而阻止菌体内外物质的交换传递以及对营养物质的吸收，使营养不能及时运输到细胞内，引起菌体代谢活动紊乱，导致细菌无法正常生长。同时壳聚糖作为一种多价阳离子表面活性剂，能够与细菌外膜上的阴离子组分结合，从而影响细胞壁发育和膜代谢。壳聚糖还能改变菌体细胞膜的通透性，造成细胞内容物外泄。壳聚糖作为一种螯合剂，对于那些在微生物生长过程中起关键作用的螯合金属离子具有较高的选择性，进而影响微生物的生长繁殖。壳聚糖还能够抑制有害酶活性，诱导有益酶活性的升高。有研究表明，壳聚糖能使食品中超氧化歧化酶（SOD）活性保持在较高的水平，这样就有利于超氧阴离子自由基的清除，降低膜脂的过氧化作用，减少乙烯的生成，从而对果蔬等产生保鲜作用（黄志成等，2013；郑连英等，2000）。

### 7.3.3 壳聚糖涂膜与果蔬品质

#### 7.3.3.1 壳聚糖涂膜对果蔬失重率的影响

维持果蔬正常生理活性、新鲜品质和口感需要合适的水分。果蔬采收后贮藏期间，由于失去外来的补充，水分会逐渐散失，最后导致果蔬的重量减轻、果皮发生皱缩、色泽暗淡。壳聚糖涂膜在果蔬表面形成一层保护膜，能够有效抑制果蔬中水分散失，降低果蔬在贮藏期间的失重率。有研究表明，黄瓜采后进行壳聚糖涂膜处理后，处理组黄瓜的失重率始终低于对照组。处理组第 12 天失重率为 7.5%，而对照组第 8 天失重率就达到 7.3%（万慧平等，2008）。壳聚糖对辣椒也有重要的保鲜作用，吴非等人（2003）的研究显示，至贮藏35天后，经壳聚糖处理的辣椒失重率为0.108%，而未经处理组的失重率则为处理组的两倍之多。贮藏6天时，壳聚糖复合膜处理后的荸荠失重率则大大降低至0.2%，而未经处理的荸荠贮藏6天时失重率就高达0.4%（邱松山等，2008）。采收后的枇杷经壳聚糖复合膜处理后，在第27天时失重率约为7%，而对照组的失重率则达到19%（Ghasemnezhad M et al，2011）。同样，壳聚糖也能降低采后的鲜切葡萄的失重率，贮藏75天时，未经处理的鲜切葡萄失重率比较严重，高达至4.22%，而经壳聚糖涂膜处理的鲜切葡萄失重率控制在2%以下（李桂峰，2005）。

#### 7.3.3.2　壳聚糖涂膜对果蔬硬度的影响

果蔬在自身或者受到微生物产生的果胶酶和纤维素酶作用下，容易软化，造成硬度下降。壳聚糖能减少果蔬的生理代谢，抑制微生物的繁殖，具有保持果蔬硬度的作用。吴雪莹等人（2015）用壳聚糖、纳米$SiO_x$及两者复合对采后橙果实进行了处理，研究了贮藏期间以上处理对果实硬度的影响，同时，通过测定贮藏期间酶活性的变化，揭示相关处理保持脐橙果实硬度的生理生化机制。研究结果表明，1.5%壳聚糖、0.08%纳米$SiO_x$及其复合处理能显著延缓脐橙果实在贮藏过程中硬度的降低。壳聚糖复合膜处理还能保持黄瓜的硬度，处理后的黄瓜在第8天基本正常，第12天变软。而未经处理的黄瓜在室温下放置2天后就开始逐渐变软、萎蔫而失去脆性，到第10天就已经开始发霉腐烂了（万惠萍等，2008）。用壳聚糖复合膜涂膜的富士苹果，经过4个月贮藏后，硬度仍然保持在较高的水平（李宗磊和王明力，2006）。张敏（2004）等研究显示，桃经壳聚糖复合膜处理12天时，硬度约为7 kg/cm²，对照组约为1 kg/cm²。

#### 7.3.3.3 壳聚糖涂膜对果蔬抗菌性的影响

壳聚糖可以通过多种方式抑制病原菌的生长。水茂兴（2001）等对草莓的研究结果表明，壳聚糖涂膜后的草莓贮藏4 d后，没有一颗草莓发生霉变，而对照组的发霉率则为5.56%。Yang等（2008）对马铃薯的研究显示，壳聚糖处理可有效抑制镰刀菌的生长繁殖。

### 7.3.4 壳聚糖保鲜效果的影响因素

#### 7.3.4.1 脱乙酰化程度

乙酰化度在一定程度上影响了壳聚糖分子的柔顺性。壳聚糖的脱乙酰化程度越高，膜的溶胀性越低，涂膜的抗拉强度越强。高脱乙酰化度的壳聚糖分子中存在较多的晶体结构，因此使得分子刚性强，且阻碍其吸水。一般来说，对于相对分子质量大小相似的壳聚糖来说，随着脱乙酰化度的增加，抗菌能力也会有所增加（陶希芹，2017）。

#### 7.3.4.2 浓度影响

浓度也同样影响壳聚糖的抑菌效果，大多数研究结果表明，随着壳聚糖浓度的增高，抑菌效果也相应增高，但浓度过高也会影响果蔬的呼吸作用，造成无氧呼吸。

#### 7.3.4.3 pH的影响

壳聚糖溶液的黏稠度与pH成反比，而黏稠度高则成膜性能好，即pH越小成膜性能越好，但其生物活性也会降低，过低pH的溶液也不能直接涂于果蔬表面，会对果蔬造成损伤。

#### 7.3.4.4　增塑剂与增强剂的影响

由于壳聚糖薄膜强度低，表面不均匀，所以需要添加增塑剂和增强剂来改善膜的性能。常用的增塑剂有甘油、乙二醇、山梨酸等，增强剂有聚乙烯醇、聚乙二醇、卡拉胶、甲基纤维素等。其中增塑剂的加入虽然能够使壳聚糖容易成膜，但也会降低其阻隔性和机械强度。

### 7.3.5　壳聚糖在果蔬保鲜中的应用

#### 7.3.5.1　水果类的食品保鲜

大量的研究结果显示，利用壳聚糖保鲜膜能够有效控制各种果蔬腐烂变质的程度，延长果蔬货架期和贮存的时间。经过壳聚糖保鲜膜处理的苹果其硬度和维生素 C 的含量同新鲜的苹果接近，并且失重率和腐烂率非常小。经过壳聚糖保鲜膜的处理之后，草莓的果实表面会呈现透明的薄膜，能够有效增强草莓保水、抗病菌侵染和抗机械损伤的能力，从而降低运输成本，但会对果实的外观造成一定的影响。

Vargas 等（2006）研究了壳聚糖－油酸可食性保鲜膜结合冷藏（4±1 ℃）对草莓的保鲜效果，并以感官评定、理化特性、腐烂率以及呼吸速率等为指标评价其保鲜效果。该研究结果显示，1%壳聚糖－2%油酸组合的综合保鲜效果最好，保存 12 天的草莓腐烂率低于对照果实。

祁岩龙等（2011）采用 10 g/L、20 g/L 和 30 g/L 的壳聚糖处理

甜瓜，研究了壳聚糖涂膜对果实生理指标和品质的影响。该研究结果表明，壳聚糖涂膜处理可以抑制甜瓜果实呼吸作用，降低呼吸高峰，抑制果实乙烯释放，延缓乙烯高峰的出现。20 g/L 和 30 g/L 壳聚糖涂膜处理的可溶性固形物含量（SSC）和维生素 C 含量均高于对照果。

#### 7.3.5.2 蔬菜类的食品保鲜

采后蔬菜仍具有旺盛的生命力，呼吸作用会造成大量的营养物质损耗，而良好的保鲜技术可使营养物质得到最大限度的保存。随着人们生活水平的提高，人们对蔬菜品质的要求也越来越高，希望品尝到各地的新鲜蔬菜，这就需要有先进的保鲜技术做保障。

壳聚糖对于蔬菜的保鲜作用已经在许多研究中得到有效验证，如辣椒、黄瓜、香菇、竹笋、青椒、番茄等。用壳聚糖涂膜保鲜黄瓜和甜椒，效果显著，能够有效降低叶绿素和水分的损失，降低蔬菜萎蔫的程度和腐烂的程度。1.5%的壳聚糖涂膜竹笋，能够有效抑制纤维素含量增加，并且能降低失重率，从而延长货架期（陶希芹，2017）。万慧萍等人（2008）研究制备了壳聚糖复合膜，并应用于黄瓜保鲜。

## 7.4 抗坏血酸复合壳聚糖涂膜对鸭梨黑心病的防控作用[①]

处理过程：将鸭梨随机分成三组，进行下列处理：1.0%的乙酸

① Lin L, Wang B, Meng W, et al. Effects of a chitosan—based coating with ascorbic acid on post—harvest quality and core browning of "Yali" pears (Pyrus bertschneideri Rehd.) [J]. Journal of the Science of Food & Agriculture, 2010, 88 (5): 877—884.

溶液（对照），1.5%的壳聚糖溶液（CTS），含有 10 mmol/L AsA 的 1.5%壳聚糖溶液（CTS＋AsA）。把鸭梨浸泡在溶液里 15 min。鸭梨果实晾干后，贮藏于（25±1）℃，相对湿度 80%～90%环境下。在贮藏期间，每 15 天对鸭梨果实取样进行生理分析，以及在贮藏期结束时（采摘 60 天后）对果心褐变进行评估。

### 7.4.1　抗坏血酸复合壳聚糖对鸭梨黑心和采后品质的影响

经 CTS 或 CTS＋AsA 涂膜处理的果实，其黑心病发生率以及黑心病发生指数显著低于对照果实（表 7—2），其中 CTS ＋AsA 涂膜处理的果实黑心病发生率以及黑心病发生指数最低。

表 7—2　壳聚糖复合 AsA 涂膜对鸭梨果实常温贮藏 60 d 后黑心指数及黑心率的影响

| 处理 | 黑心指数 | 黑心率（%） |
| --- | --- | --- |
| Control | 0.51 ± 0.04 a | 81.50 ± 3.79 a |
| CTS coating | 0.31 ± 0.02 b | 63.67 ± 2.70 b |
| CTS ＋AsA coating | 0.25 ± 0.01 c | 46.80 ± 3.63 c |

如图 7—5 所示，随着贮藏时间的增加，鸭梨果实采后失重率逐渐增加，涂膜处理显著降低了果实失重率。CTS 涂膜或 CTS＋AsA 涂膜之间没有显著差异。CTS 涂膜或 CTS＋AsA 涂膜的果实在 25 ℃贮藏 60 天后的失重率比对照果实低 16.8%和 20.4%。

随着贮藏时间的增加，对照果实的硬度逐渐下降。CTS 涂膜或 CTS＋AsA 涂膜处理延缓了果实硬度的下降，在 60 天时，分别比对照果实低 10.8%和 18.4%。在对照和涂膜水果中，SSC 含量在贮藏

15 天达到高峰，然后逐渐下降。然而，用 CTS 或 CTS ＋ AsA 涂膜的果实在贮藏 15 天后表现出比对照果实更高的总可溶性固形物含量。CTS＋AsA 涂膜比 CTS 涂膜显示出更好的效果。贮藏期间对照果实中 TA 的含量急剧下降。涂膜处理有效地保持了 TA 含量，并且 CTS＋AsA 涂膜的果实中 TA 含量在贮存早期高于 CTS 涂膜的果实中的 TA 含量。然而，贮藏 30 天后，CTS 涂膜与 CTS＋AsA 涂膜之间的 TA 含量没有差异。

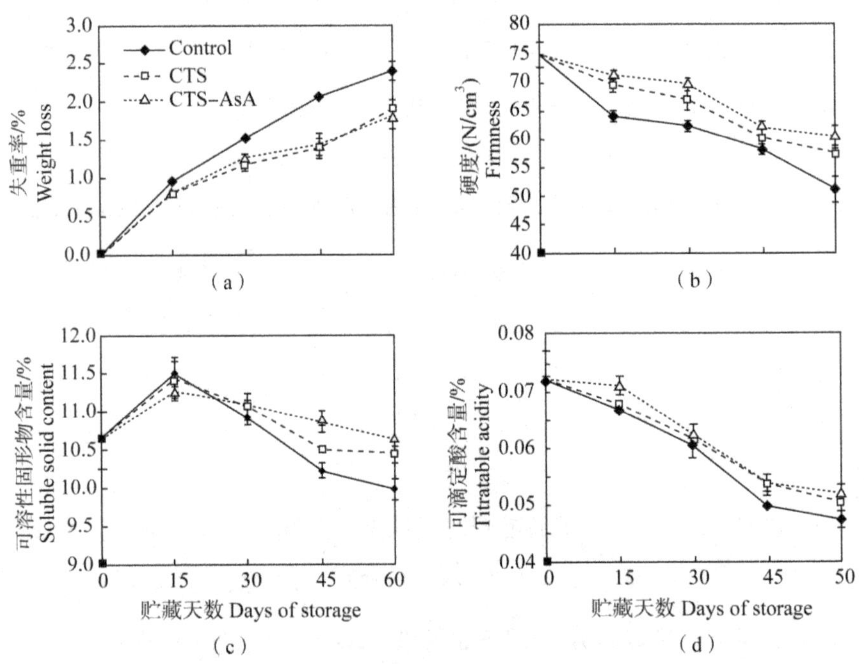


图 7—5　壳聚糖复合 AsA 涂膜对鸭梨果实贮藏期间失重率、硬度、可溶性固形物及可滴定酸含量的影响

在贮藏过程中，对照组和 CTS 涂膜处理鸭梨果实的呼吸速率迅速增加，并且在贮藏 6 天后达到峰值。然而，CTS 涂膜显著（$P<0.01$）降低了呼吸最大值和呼吸速率。与其他处理相比，经 CTS + AsA 处理的鸭梨果实呼吸速率峰值延迟了 12 天，呼吸最大值降至对照果实的 68.3%。

### 7.4.2　抗坏血酸复合壳聚糖对鸭梨活性氧代谢系统的影响（林琳，2008）

#### 7.4.2.1　壳聚糖复合 AsA 涂膜对鸭梨果实常温贮藏期间过氧化氢含量及超氧阴离子产生速率的影响

过氧化氢（$H_2O_2$）参与植物的多重生理过程，它的平衡在调控果实生理代谢方面起到了重要作用。如图 7−6 所示，在常温贮藏前期，鸭梨果实 $H_2O_2$ 含量呈现逐渐升高趋势，随后有不同程度的下降。贮藏期间，对照果实的 $H_2O_2$ 含量始终高于壳聚糖涂膜处理的鸭梨果实。两种涂膜处理相比，壳聚糖复合 AsA 涂膜处理相较壳聚糖单独涂膜更显著地抑制了鸭梨果实 $H_2O_2$ 含量的上升。在常温贮藏 45 d 时，复合涂膜果的 $H_2O_2$ 含量分别较对照果和单独涂膜果低 11.7%和 6.8%。

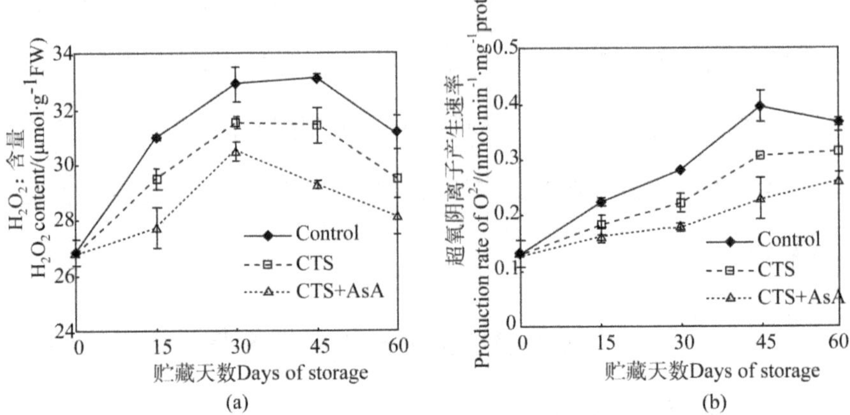


图 7—6　壳聚糖复合 AsA 涂膜对鸭梨果实常温贮藏期间 $H_2O_2$ 含量及 $O_2$ 产生速率的影响

超氧阴离子（$O_2^-$）是重要的活性氧自由基之一，它参与调控果实的衰老进程。在常温贮藏过程中，$O_2^-$ 的产生速率在不同处理果实中基本呈现上升趋势。比较 $O_2^-$ 在不同处理鸭梨果实中的产生速率，结果显示，壳聚糖涂膜处理显著抑制了鸭梨果实 $O_2^-$ 的产生。其中，壳聚糖复合 AsA 处理果实的 $O_2^-$ 产生速率在贮藏 15 d 后明显低于单独涂膜处理果实。在贮藏 45 d 时，复合涂膜果和单独涂膜果的 $O_2^-$ 产生速率分别较对照果低 23.3%和 41.7%。

#### 7.4.2.2　壳聚糖复合 AsA 涂膜对鸭梨果实常温贮藏期间 AsA 含量及 GSH 含量的影响

抗坏血酸（AsA）和还原型谷胱甘肽（GSH）是植物体内两种关键的抗氧化物质，它们在清除活性氧中起到重要的作用。如图 7—7 所示，随着贮藏天数的延长，鸭梨果实 AsA 含量呈下降趋势。对照果的 AsA 含量下降速度最快，而壳聚糖涂膜处理明显地延缓了鸭梨果实 AsA 含量的降低。比较两种涂膜处理的作用效果，壳聚糖复合 AsA 涂膜处理对鸭梨果实 AsA 含量的保持较单独涂膜处理效果更显著。结果显示，在常温贮藏 60 d 时，对照果的 AsA 含量已下降至 18.7 mg・$kg^{-1}$FW，壳聚糖单独涂膜和复合 AsA 涂膜处理的鸭梨果实在常温贮藏 60 d 时的 AsA 含量仍保持在 25.5 和 32.7 mg・$kg^{-1}$FW，分别较对照果高 36.8%和 75.0%。

在常温贮藏 15 d 内，对照果实的还原型谷胱甘肽（GSH）含量呈明显的下降趋势，随后基本保持稳定。在贮藏初期，涂膜处理果的 GSH 含量变化不明显，在贮藏 30 d 后才开始下降，但两种涂膜处理鸭梨果实的 GSH 含量都一直高于同期的对照果，其中壳聚糖复合 AsA 涂膜处理更有效地保持了果实的 GSH 含量。在常温贮藏 60 d 时，复合涂膜及单独涂膜处理果实的 GSH 含量分别为 115.0 μg・$g^{-1}$FW 和 112.3 μg・$g^{-1}$FW，而对照果实仅为 110.8 μg・$g^{-1}$FW。

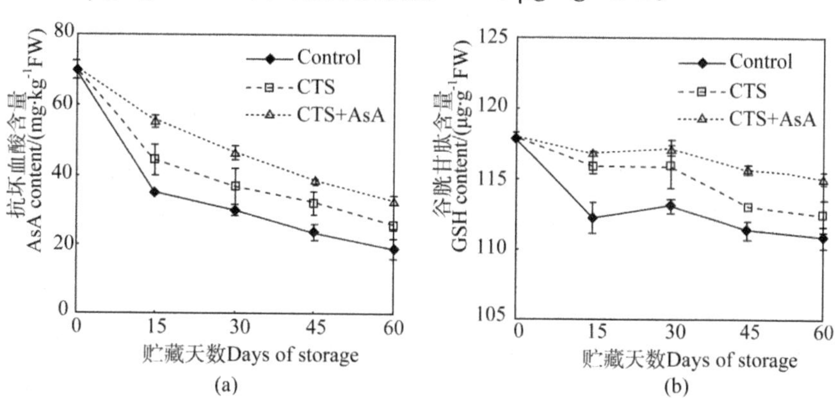


图 7—7　壳聚糖复合 AsA 涂膜对鸭梨果实常温贮藏期间 AsA 及 GSH 含量的影响

#### 7.4.2.3　壳聚糖复合 AsA 涂膜对鸭梨果实常温贮藏期间细胞膜渗透率的影响

如图 7—8 所示，在整个贮藏过程中，涂膜处理鸭梨果实的细胞膜渗透率变化趋势与对照果相近，总体呈上升趋势。壳聚糖涂膜处理果实的细胞膜渗透率在整个贮藏期间始终低于对照果，其中壳聚糖复合 AsA 涂膜处理果实的细胞膜渗透率在贮藏 30 d 后略低于单独涂膜果。在常温贮藏 60 d，复合涂膜果的细胞膜渗透率分别为对照和单独涂膜果的 85.3%和 93.5%。

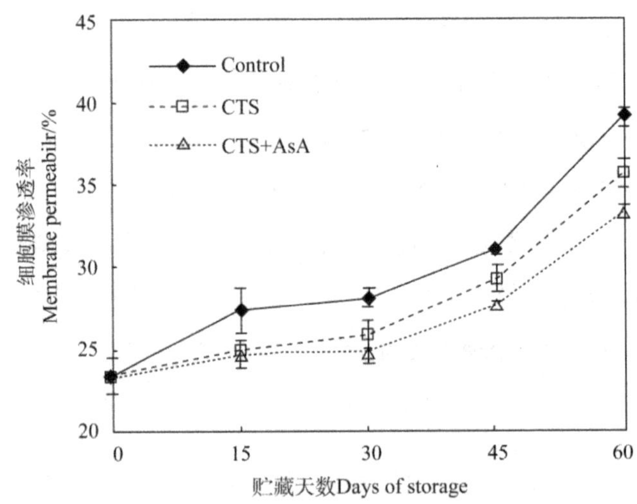


图 7−8　壳聚糖复合 AsA 涂膜对鸭梨果实常温贮藏期间细胞膜渗透率的影响

#### 7.4.2.4　壳聚糖复合 AsA 涂膜对鸭梨果实常温贮藏期间多酚氧化酶（PPO）活性的影响

多酚氧化酶（PPO）活性在鸭梨果实贮藏前期呈现一个持续增加的过程，在达到高峰后下降。不同处理果实的活性高峰出现的早晚及峰值的高低存在差异。其中，对照及壳聚糖单独涂膜果实在常温贮藏 30 d 时出现 PPO 活性高峰，壳聚糖复合 AsA 处理鸭梨果实的活性高峰较其延迟了 15 d。同时，对照果的活性高峰高于两种涂膜处理果，其峰值分别较壳聚糖单独涂膜及复合 AsA 涂膜果实提高 29.9%和 43.9%。

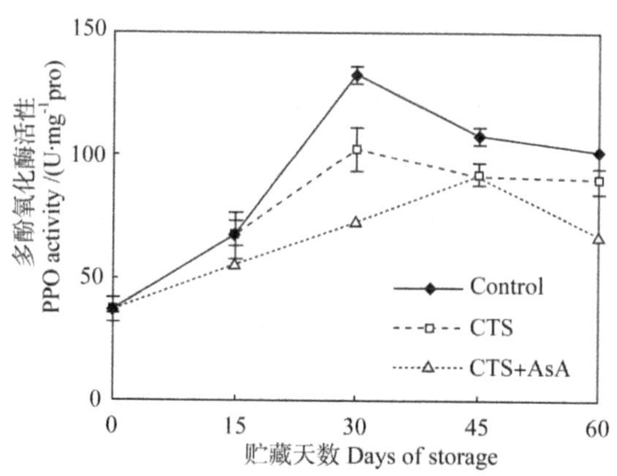


图 7－9　壳聚糖复合 AsA 涂膜对鸭梨果实常温贮藏期间多酚氧化酶活性的影响

#### 7.4.2.5　壳聚糖复合 AsA 涂膜对鸭梨果实常温贮藏期间 SOD、CAT/POD 和 APX 活性的影响

如图 7－10 所示，未涂膜和壳聚糖涂膜鸭梨的 SOD 活性在贮藏的前 15 d 增加，在第 15 d 达到高峰，随后下降。壳聚糖涂膜显著提高了 SOD 活性，尤其是用 CTS＋AsA 涂膜（$P<0.01$）。CTS＋AsA 涂膜的果实 SOD 活性峰值分别比对照果实和壳聚糖涂膜的果实高出约 51.6％和25.7％。对照和壳聚糖涂膜果实的 CAT 活性表现出大致相同的趋势，即先增长，达到峰值然后下降。壳聚糖涂膜处理不仅增加了 CAT 活性的峰值，而且与对照水果相比，也提前了峰值的出现。此外，CTS＋AsA 涂膜的果实的峰值比壳聚糖单独涂膜的果实高出 20.5％。在未涂膜和有涂膜的果实中，POD 活性随贮藏时间的延长而下降。涂膜显著减缓了 POD 的变化，特别是在第一次储存期间。与 CTS＋AsA 涂膜相比，单独壳聚糖涂膜更有效地延迟了储存 30 d 后 POD 的活性的下降。在单一壳聚糖或 CTS＋AsA 涂膜

的果实中，APX 的活性显著高于对照组（$P<0.01$）。此外，CTS＋AsA 涂膜的水果在整个贮藏过程中，APX 的活性始终高于单一壳聚糖涂膜果实。在 CTS＋AsA 涂膜的果实中 15 d 的 APX 活性峰值分别比对果实照和壳聚糖涂膜的果实高出约 54.2％和 15.2％。

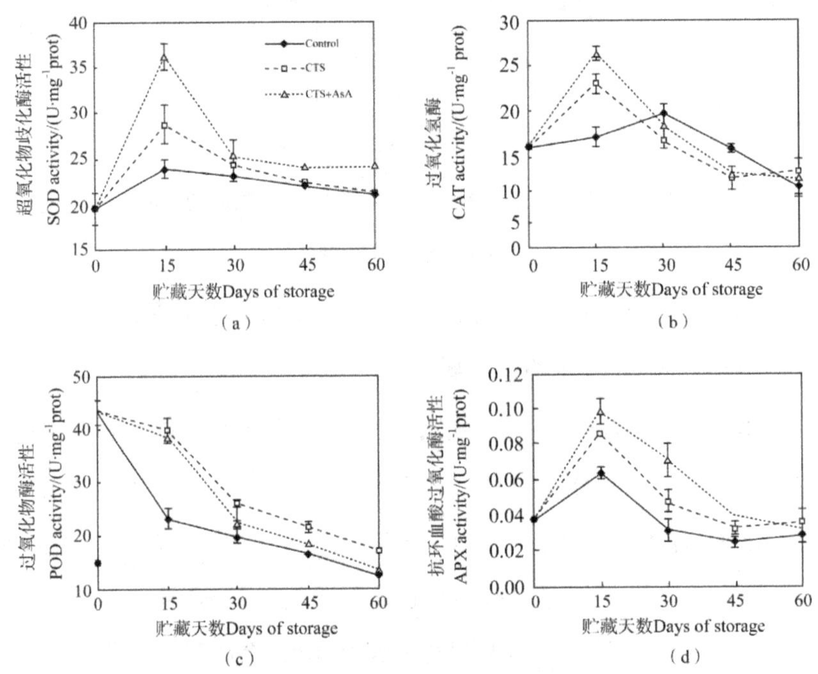


图 7－10　壳聚糖复合 AsA 涂膜对鸭梨果实常温贮藏期间 SOD、CAT、POD 及 APX 活性的影响

## 7.4.3　抗坏血酸复合壳聚糖控制鸭梨黑心的可能机制

由于其优异的成膜性和生物化学性质，壳聚糖可能是新鲜果蔬的理想涂膜材料。在以前的研究中，与未涂膜的果实相比，在 25℃和 80％～90％RH 储存期间，1.5％（W/V）壳聚糖包膜鸭梨的重量

损失显著降低。因此延缓了果实发皱和质量变差。这个结果与 Zhang 和 Quantick 及 Garcia 等人报道的结果一致，并且可能与形成在水果表面上的壳聚糖膜有关。涂膜壳聚糖可能会延缓水果中的水分从水果蒸发到环境中，并减少呼吸消耗。也有研究表明，壳聚糖可以在水果表面形成半渗透膜，这是对 $O_2$ 和 $CO_2$ 的选择性屏障。因此，用壳聚糖涂膜能够改变水果的内部环境并减缓新鲜水果的呼吸速率。我们的研究表明壳聚糖涂膜的果实在 25℃整个贮藏期间呼吸速率较低。这些结果对草莓、西红柿、桃子、日本梨和猕猴桃等水果的观察结果一致。硬度，总可溶性固体（TSS）和可滴定酸度（TA）的损失表明了水果的衰败和品质的恶化。目前的数据表明，壳聚糖涂膜可以减少在 25℃下贮藏的鸭梨的硬度及 TSS 和 TA 含量的降低。这些结果可能与上文中提到的壳聚糖涂膜对由于抑制呼吸速率而延缓衰老的作用有关。

抗坏血酸（AsA）是植物中重要的抗氧化剂之一，已被证明可直接或间接地对抗自由基。在许多生理和生化研究中已经报道了外源 AsA 在高等植物代谢和鲜切果实中的应用。对于 AsA 对完整果实的采后效果，我们已经证明，外源 AsA 对鸭梨品质的保持是有效的。由于壳聚糖具有承载功能性物质的能力，基于这两种涂膜中的重量损失的比较，我们将 AsA 引入基于壳聚糖的涂膜屏障功能中。Han 等人报道了类似的结果，他发现向壳聚糖基涂膜添加高浓度的钙或维生素 E 并不会改变涂膜的基本功能。添加 AsA 的涂膜在室温储存过程中也没有改变壳聚糖对降低梨呼吸速率的影响。此外，通过延缓果实的失水，壳聚糖＋AsA 涂膜在延缓‘雅丽’梨的衰老方面甚至比单一壳聚糖涂膜更好，这可归因于壳聚糖＋AsA 涂膜果实降低了果实的呼吸速率峰值。除了失重外，鸭梨的保质期受到生理性病害，如果实褐变（CB）的影响。有人提出，CB 是由细胞膜结构降解和分解而诱导的，导致酚化合物被多酚氧化酶催化氧化成邻醌。而离子泄漏的变化可以清楚地反映储存过程中膜透性的变化。在这项研究中，细胞膜的离子泄漏在衰老过程中增加，这可能代表膜完整性的下降。特别是在储存结束时，与对照实验相比，单个壳聚糖涂膜延迟膜渗漏的增加，并且壳聚糖＋AsA 涂膜起的作用比单一壳聚糖涂膜更有效，我们发现这与不同处理方式中观察到的 CB 发生率有关。以往的研究显示，衰老是脂质过氧化引起膜渗漏增加的结果。因此，目前的数据表明，壳聚糖可以保持膜完整性，从而延缓衰老和抑制 CB，这与其在储存期间对果实质量的影响一致。并且壳聚糖＋AsA 涂膜在这些方面上显示出协同效应。一般认为内膜损伤可能是由于活性氧（ROS）积累导致的膜脂过氧化造成的。

ROS 的积累和氧化损伤的发生与抗氧化能力的降低有关，这与本研究中观察到的鸭梨中的生理病害（黑心病）的发生率有关。氧化系统由抗氧化酶和抗氧化剂组成。抗氧化剂在水果中存在以防止氧化损伤。Davies 将超氧化物歧化酶（SOD）、过氧化氢酶（CAT）和过氧化物酶（POD）分类为防止活性氧的主要防御系统，并且它们的减少可能导致高水平的 ROS。SOD 在 $O_2^-$ 生产 $H_2O_2$ 过程中起着关键作用，而 CAT 和 POD 参与了 $H_2O_2$ 的降解过程。抗坏血酸过氧化物酶（APX）也是将 $H_2O_2$转化为水的重要酶，它需要 AsA 作为电子供体。在我们的研究中，与对照组相比，壳聚糖涂膜提高了 SOD 和 APX 活性。此外，用壳聚糖涂膜还延迟了 POD 活性的降低，并使 CAT 活性的最大峰值提前 15 天。Li 和 Yu 还发现用壳聚糖涂膜桃子可以抑制脂质过氧化和衰老过程，这与 SOD 活性增加相关，从而保持了膜的完整性。然而，关于壳聚糖对其他抗氧化酶的影响的研究很少。1 - 甲基环丙烯（1 - MCP）处理提高了蓝莓的 SOD、CAT、POD 和 APX 活性，保持了较高的膜完整性并且延迟衰老。与单一壳聚糖涂膜相比，壳聚糖＋AsA 涂膜增强了 SOD、CAT 和 APX 的活性。目前的结果与我们先前研究中的观察结果一致，其中我们发现在‘鸭梨’中外源施用 AsA 延迟了抗氧化酶的降低。虽然壳聚糖＋AsA 涂膜的果实的 POD 活性与对照组相比增强，但不高于单个壳聚糖涂膜的果实中的 POD 活性。数据表明，添加 AsA 在壳聚糖涂膜处理中对 POD 的协同效应不同于对 SOD、CAT 和 APX 的协同作用。该原因尚不清楚，需要进一步研究来解释这种差异。

此外，涂有壳聚糖的果实具有较高含量的 AsA，壳聚糖是主要的低分子量抗氧化剂之一。有人认为，AsA 的减少与防止氧化损伤的能力和存储过程中生理紊乱的发生率有关。壳聚糖＋AsA 包被的梨具有较高的 AsA 含量和较低的 CB 发病率，与涂有单一壳聚糖的梨相比，这表明将 AsA 加入到壳聚糖基涂膜中也显示了对改善非酶抗氧化防御系统的协同效应以及证明了 Veltman 和 van Schaik 描述的 AsA 和 CB 之间的关系。AsA 也被确定为重要的营养成分，并在人体中发挥重要作用；然而，与其他水果相比，鸭梨的 AsA 含量较少。在壳聚糖＋AsA 包被的梨中 AsA 的量高于对照组和单个壳聚糖包被的梨。因此，在壳聚糖涂膜中添加 10 mmol・$L^{-1}$ AsA 增强了果实的营养价值。

## 参考文献

［1］El Ghaouth A，Ponnampalam R，Castaigne F，et al. Chitosan coating to extend the storage life of tomatoes［J］. Horticultural Science，1992，27（9）：1016－1018.

［2］Ghasemnezhad M，Nezhad M A，Gerailoo S. Changes in postharvest quality of loquat（Eriobotrya japonica）fruits influenced by chitosan［J］. Horticulture Environment & Biotechnology，2011，52（1）：40－45.

［3］Shao Y，Luo Y，Chen A，et al. Effects of a vacuum infiltration - based method with ascorbic acid on internal browning of plum（prunus salicina lindell cv. yuhuang）during cold storage［J］. Journal of Food Processing & Preservation，2011，35（5）：581－586.

［4］Sun D Q，Liang G B，Xie J H，et al. Improved preservation effects of litchi fruit by combining chitosan coating with ascorbic acid treatment during postharvest storage［J］. African Journal of Biotechnology，2010，9（22）：3272－3279.

［5］Vargas M，Albors A，Chiralt A，et al. Quality of cold-stored strawberries as affected by chitosan - oleic acid edible coatings［J］. Postharvest Biology & Technology，2006，41（2）：164－171.

［6］安建申，张憨，郭杰，等. 酸处理对采后香菇保鲜的影响［J］. 无锡轻

工大学学报，2004 (1)：14—16，20.

[7] 董泽义，谭丽菊，王江涛. 壳聚糖保鲜膜研究进展 [J]. 食品与发酵工业，2014，40 (6)：147—151.

[8] 杜善保，邹养军. 外源抗坏血酸对杏果实采后衰老的影响 [J]. 陕西农业科学，2007 (5)：37—38，151.

[9] 范林林，冯叙桥. 不同保鲜处理对鲜切苹果保鲜效果的影响 [J]. 食品与发酵工业，2015，41 (1)：252—256.

[10] 范灵姣，孙宁静，王坤，等. 外源抗坏血酸处理对人工脱涩柿果的保鲜作用 [J]. 广西植物，2017，37 (5)：599—605，620.

[11] 巩素娟. 植物抗坏血酸的合成代谢及其生物学功能 [A]. 中国园艺学会干果分会. 第八届全国干果生产、科研进展学术研讨会论文集 [C]. 中国园艺学会干果分会，2013：3.

[12] 胡文玉，邹良栋. 壳聚糖涂膜对苹果的保鲜效应（简报）[J]. 植物生理学报，1998 (1)：17—20.

[13] 胡晓亮，周国燕. 壳聚糖及其衍生物在果蔬贮藏保鲜中的应用 [J]. 食品与发酵工业，2011，37 (3)：146—150.

[14] 黄志成，唐冰，钟杰平，等. 壳聚糖食品保鲜膜抗菌性及其应用的研究进展 [J]. 食品与发酵工业，2013，39 (2)：140—145.

[15] 李桂峰. 可食性膜对鲜切葡萄生理生化及保鲜效果影响的研究 [D]. 西北农林科技大学，2005.

[16] 李瑜. 壳聚糖涂膜对大蒜保鲜效果的研究 [J]. 广东农业科学，2008 (10)：86—87.

[17] 李宗磊，王明力. 纳米 $SiO_x$/壳聚糖复合涂膜剂的制备及在富士苹果保鲜中的应用研究 [J]. 贵州工业大学学报（自然科学版），2006，35 (2)：99—102.

[18] 林琳，鸭梨黑心病的预测及 AsA、OA 和壳聚糖对其防治机理的研究 [D]. 北京：中国农业大学，2008.

[19] 林天颖，苏清彩，郑朕，等. 壳聚糖在果品保鲜中的研究进展 [J]. 农产品加工（学刊），2012（4）：100—102.

[20] 刘锴栋，敬国兴，袁长春，等. 外源抗坏血酸对圣女果采后生理和抗氧化活性的影响 [J]. 热带作物学报，2012，33（10）：1851—1855.

[21] 刘峥颢，吴广臣，王庭欣. 壳聚糖保鲜食品的机理及其应用的研究 [J]. 食品科学，2005（8）：533—537.

[22] 马承，罗庆熙. 壳聚糖在农业领域中的应用 [J]. 北方园艺，2008（9）：55—56.

[23] 莫亿伟，郑吉祥，李伟才，等. 外源抗坏血酸和谷胱甘肽对荔枝保鲜效果的影响 [J]. 农业工程学报，2010，26（3）：363—368.

[24] 潘永贵，段琪，陈维信. 壳聚糖涂膜处理对鲜切杨桃的保鲜效果 [J]. 热带作物学报，2008，29（2）：145—149.

[25] 祁岩龙，廖新福，孙俪娜，等. 壳聚糖涂膜对甜瓜采后生理及品质的影响 [J]. 新疆农业科学，2011，48（1）：116—122.

[26] 邱松山，李喜宏，胡云峰，等. 壳聚糖/纳米 TiO _ 2 复合涂膜对鲜切荸荠保鲜作用研究 [J]. 食品与发酵工业，2008，34（1）：149—151.

[27] 水茂兴，马国瑞，陈美慈，等. 壳聚糖添加助剂保鲜草莓的效应 [J]. 浙江大学学报（农业与生命科学版），2001，27（3）：343.

[28] 孙宁静. 外源抗坏血酸对牛心柿的保鲜效应研究 [A]. 中国园艺学会（Sponsored by the Chinese Society for Horticultural Science）、中国农业科学院蔬菜花卉研究所（Institute of Vegetables and Flowers，Chinese Academy of Agricultural Sciences）. 中国园艺学会 2014 年学术年会论文摘要集 [C]. 中国园艺

学会（Sponsored by the Chinese Society for Horticultural Science）、中国农业科学院蔬菜花卉研究所（Institute of Vegetables and Flowers，Chinese Academy of Agricultural Sciences），2014：1.

[29] 陶希芹. 壳聚糖保鲜食品的机理及其应用的研究 [J]. 当代化工研究，2017（2）：131－132.

[30] 田密霞，胡文忠，朱蓓薇，等. 抗坏血酸处理对鲜切水晶梨营养成分及褐变的影响 [J]. 食品与发酵工业，2008（1）：156－159.

[31] 万惠萍，叶淑红，陈丽，等. 壳聚糖膜在黄瓜保鲜中的应用 [J]. 大连工业大学学报，2008（2）：110－112.

[32] 王静. 外源抗坏血酸（AsA）控制采后龙眼果实果皮褐变的生理生化机制研究 [D]. 福建农林大学，2012.

[33] 王静. 外源抗坏血酸（AsA）对采后猕猴桃果实生理和品质的影响 [J]. 陕西农业科学，2015，61（9）：37－41.

[34] 王丽，王晓丽，刘佳，等. 植物草酸氧化酶及其基因的研究进展 [J]. 中国农学通报，2010，26（7）：48－51.

[35] 王颖，曾霞，王春. 壳聚糖在果蔬保鲜中的应用研究进展 [J]. 食品工业，2012，33（5）：107－109.

[36] 吴非，周巍，张秀玲. 壳聚糖膜剂的研制及其对辣椒的保鲜效果 [J]. 中国蔬菜，2003，1（3）：17－19.

[37] 吴昊. 壳聚糖衍生物的制备及对果蔬保鲜作用研究 [D]. 中国海洋大学，2011.

[38] 吴青，孙远明，肖治理，等. 壳聚糖涂膜延长荔枝货架寿命的研究 [J]. 食品工业科技，2000（6）：9.

[39] 吴雪莹，屈立武，周雅涵，等. 壳聚糖和纳米 SiO$x$ 处理对采后脐橙

果实硬度的影响［J］．食品科学，2015，36（2）：204－209．

［40］吴娱，赵玉梅，雷晓娟，等．抗坏血酸处理对桃果实采后品质和保鲜效果的影响［J］．食品科技，2008（10）：246－248，253．

［41］张柳，王艳颖，马超，等．抗坏血酸处理对李果实贮藏冷害及营养品质的影响［J］．食品研究与开发，2011，32（8）：143－147．

［42］张敏，洪伯铿，王专，等．HCF保鲜剂的研制及其在桃保鲜中的应用研究［J］．食品科技，2004（1）：86－88．

［43］郑连英，朱江峰，孙昆山．壳聚糖的抗菌性能研究［J］．材料科学与工程学报，2000，18（2）：22－24．

# 第8章　其他采后处理对鸭梨黑心病的影响

## 8.1　程序降温对鸭梨黑心病的防控作用

### 8.1.1　引言

温度是果蔬贮藏的重要环境条件之一。一般来讲，低温有利于果蔬贮藏，因为在低温条件下果蔬采后的呼吸作用被显著抑制，进而能够使生理代谢及营养物质保持在一个相对稳定的状态。然而，并非温度越低越好，一些果蔬由于对低温的敏感性比较高，在低温环境中容易导致代谢紊乱和细胞损伤。

程序性降温是低温保藏的方法之一，程序性降温也称为梯度降温，程控冷却技术是一种通过低温锻炼提高植物抗寒性的贮藏方法。在大量不同的研究中程序降温采用的参数不尽相同。程序降温是有一定的选择性的，设置温度梯度使即将进入较低温度贮藏的果蔬在呈梯度的降温过程中逐渐适应低温，以避免低温冷害对果蔬贮藏造成的不利影响。低温贮藏是延长果实采后寿命的重要措施。在低温贮藏的基础上，将程序性降温结合变温、气调和化学试剂等措施，减轻或防止果实冷害症状的发生和发展，是目前各种果蔬采后贮藏保鲜技术研究的主要方向，也是今后科研工作者的主要攻克目标。

应本友等（2007）用程序降温和直接冷却两种方法研究了八成熟枇杷果实冷藏过程中冷害的时间和程度，以确定程序降温处理对枇杷果实冷害的减缓作用。研究结果表明，与直接冷却处理相比，程序降温延迟果实变硬 14 天以上，果实组织损伤延迟 14 天以上，有效地降低了冷藏枇杷的冷害。因此，该方法是枇杷贮藏保鲜的一种可行方法。

江国良等人（2009）研究了程序降温对大五星枇杷果实贮藏品质的影响。大五星枇杷果实在 5 ℃贮藏 6 天后，在冷害温度（0 ℃）下贮藏。结果表明，与直接低温贮藏相比，程序降温能明显降低枇杷果实的腐烂率，减少水分损失，降低果实褐变程度。果皮易剥，风味好，果汁丰富，在销售过程中可明显延长果实的保质期。因此，采用程序降温技术可以保护枇杷果实免受低温冷害，从而更好地保持枇杷果实的品质，延长枇杷果实的保质期。

陈栋等人（2011）同样应用程序降温贮藏技术对大五星枇杷进行处理，出库后在室温条件下放置，检测果实的各项生理指标，探索枇杷果实在程序降温贮藏方式下生理指标和品质的变化规律。结果表明，程序降温后贮藏果实的可溶性糖和还原多糖含量均高于直接贮藏，贮藏 3 d 后显著高于对照组，随贮藏时间的延长而降低。而程序降温对果实可溶性果胶含量和果实相对电导率影响较大。

Cai 等（2006）采用 5 ℃放置 6 d 后转入 0 ℃贮藏的降温方式处理枇杷果实，研究发现该处理方式显著减轻了“洛阳青”枇杷果实木质素的积累，减缓了出汁率的下降，降低了褐变和腐烂发生，可延长贮藏寿命 20 d。孙维芝（2010）比较了两种降温方法对白玉枇杷贮藏保鲜中腐烂指数、失水率等品质的影响，确定了一套相对较低的冷却方式。

目前，有大量报道探究了降温速度对于鸭梨贮藏品质及贮藏期的影响。曾经有报道表明，鸭梨采后的果实褐变程度主要与鸭梨的采摘成熟度及降温的速度有关（梁丽雅，闫师杰，陈计峦，等，2008）。鸭梨同绝大多数的水果一样，对温度的变化比较敏感，若将鸭梨直接从常温转移到 0 ℃的低温下进行贮藏，鸭梨的品质会受到严重影响，会导致其果实内的多酚氧化酶增加，细胞膜通透性增加，进而使鸭梨更易发生褐变，最终导致其褐变程度加剧，鸭梨的质量下降（田梅生等，1987）。

朱麟等（2009）将阶段降温方式与快速降温方式下鸭梨的贮藏品质进行了对比，结果发现鸭梨中的超氧化歧化酶（SOD）及过氧化物酶（POD）的活性在阶段缓慢降温的条件下有所增加，从而降低了过氧化物的累积，减轻了过氧化物对于鸭梨品质的伤害，降低了细胞膜的脂肪氧化作用，同时阶段缓慢降温也降低了采后鸭梨的褐变程度。研究结果证明对于鸭梨采后贮藏过程中品质的变化而言，缓慢降温比快速降温更具有优势。闫师杰等（2010）研究发现鸭梨中含有大量的饱和脂肪酸和不饱和脂肪酸，其中亚油酸、棕榈酸和油酸所占的比例较大，亚油酸和亚麻酸的相对含量经过缓慢降温后呈现增加的趋势，不饱和脂肪酸与饱和脂肪酸的比值增加，鸭梨果实脂肪氧化酶（LOX）的活性以及鸭梨果实褐变程度降低。最终得出结论，采收期早且经过缓慢降温的鸭梨，在贮藏过程中能够有较好的饱和脂肪酸和不饱和脂肪酸的含量，并且保持较高的贮藏品质，果心褐变的发生率降低。

有报道论述了相似的研究结果，经过缓慢降温处理的鸭梨中的过氧化物同工酶（POD）比同时期采摘的经快速降温的鸭梨中的含量高。鸭梨中 POD 同工酶的变化趋势与鸭梨果心褐变的程度呈反比，说明缓慢降温能够降低鸭梨果心褐变的程度，同时表明鸭梨的果心褐变可能与其果实内的 POD 同工酶的含量有关。在不同的鸭梨的采摘时期下其果实内的过氧化物同工酶的含量有所不同，中期采收的鸭梨中酶的含量较高，其褐变的程度较低，因此，中期采收的经过缓慢降温的鸭梨的贮藏品质维持在较高的水平，为鸭梨的采摘及采后冷藏提供可参考的依据（韩艳文等，2016）。韩云云等（2016）探究了鸭梨中脂肪氧化酶（LOX）与鸭梨采摘时期及褐变的关系，结果发现 LOX 的活性及果实和褐变程度在中采收期时最低，且经过缓慢降温的鸭梨中 LOX 及果心褐变程度均较低，这与前人的探究结果相一致，同时也说明了 LOX 与鸭梨果实的褐变有一定的关系。何利华等（2010）探究了在鸭梨贮藏过程中多酚氧化酶（PPO）的变化情况，发现 PPO 在中采成熟度经过缓慢降温的鸭梨中呈现下降的趋势，PPO 活性的下降可以减少果心的褐变，这样的处理提高了鸭梨的贮藏品质与商业价值。闫师杰等（2010）同样发现了 PPO 的活性随着采收成熟度的延长而不断降低，早采收时期的鸭梨果实中 PPO 的活性最高，该时期的鸭梨果实最容易发生褐变，经过缓慢降温的鸭梨，能够有效抑制其褐变的发生，降低其 PPO 的活性，有效地保持鸭梨的商品特性（闫师杰等，2010）。

张爱琳等（2011）探究了鸭梨果实中的可溶性蛋白及氨基酸的含量受果实的采摘成熟度及降温速度的影响，发现晚期采收的鸭梨果实的抗冻性增强但其褐变率也增大。经过缓慢降温的早采鸭梨中的可溶性蛋白和脯氨酸的含量增加，同时其褐变程度也降低。有研究报告了相似的结论，晚期采摘成熟度的鸭梨经过缓慢降温后，其褐变的发生率增加，这一现象可能是由于晚采收时期的果实中含有大量的可溶性固形物、还原糖及维生素，采后鸭梨通过呼吸代谢作用更好地利用这些物质，从而加速其褐变的发生。同时与急速降温的方式进行对比，发现缓慢降温能够降低鸭梨的呼吸代谢，较好地维持鸭梨果实内的营养物质，延迟其褐变的发生（闫师杰等，2008）。

### 8.1.2　程序降温对鸭梨黑心病的防控作用（Yan 等 2013）

#### 8.1.2.1　不同冷却方式对不同成熟度果实褐变指数的影响

如图 8—1 所示，贮藏期间果核组织褐变指数增加。早收果实的果核在 60 d 开始褐变，发育缓慢。水果采摘中后期开始发生果核褐变，第 40 d 开始发生褐变，但采收中期果实褐变缓慢，贮藏结束时，两种降温方式的果实褐变率分别达到 0.31 和 0.36。相反，晚收获果实褐变指数迅速上升到 0.67 和 0.89。收获后期果实的果核褐变指数高于采收初期和中期（$P<0.05$）。

快速降温早收果实在第 80 d 的果核褐变率高于缓慢降温果实（$P<0.05$）。中、早收果实 140 d 和 40 d 差异显著。肉质组织的褐变指数与果核组织相似，且随贮藏时间的延长呈增加趋势。然而，果核与果肉褐变相比，果肉褐变发展较晚，且发展较慢。贮藏 80 d 后，晚收果实的褐变率高于早收果，早收果实的褐变率高于中收果实（$P<0.05$）。贮藏 180 d 后，缓慢降温的果实中，早期果实褐变不明显。

快速降温果实的褐变大于缓慢降温果实。晚收果实在第 40 d 后迅速发生褐变，贮藏结束时达到 0.808，而缓慢降温果实的褐变指数仅为 0.27，采后果实褐变率最低，与降温速率相关的差异显著（$P<0.05$）。

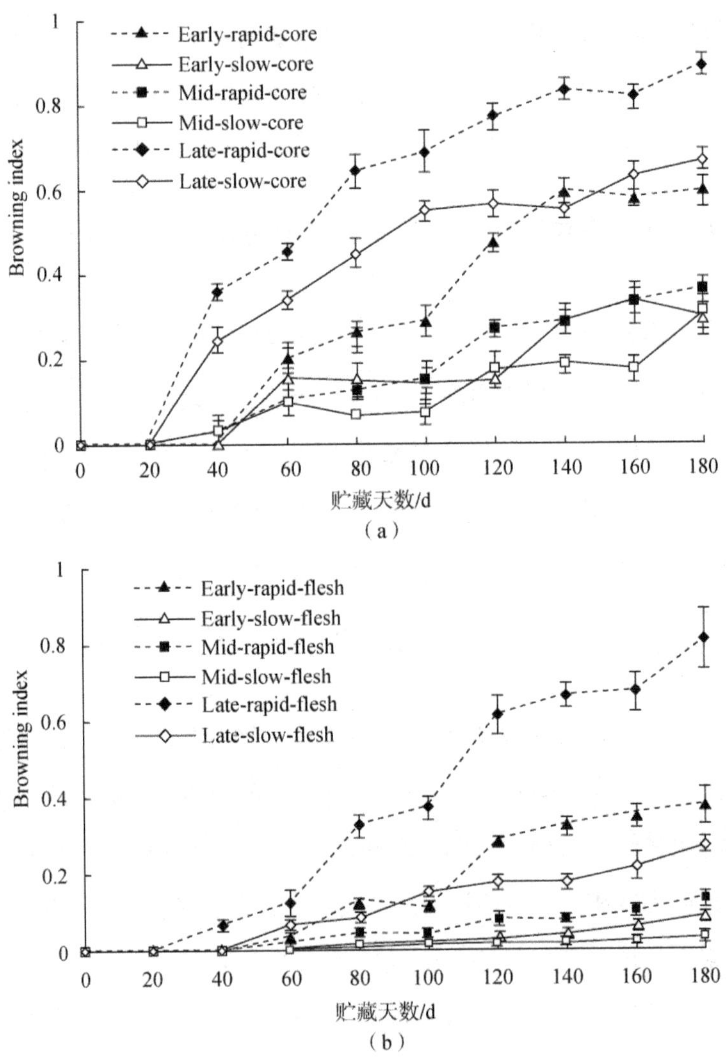


图 8—1 程序降温对鸭梨黑心指数的影响（Yan et al，2013）

#### 8.1.2.2　程序降温抑制鸭梨黑心病的机制

梨果实褐变的发生率在果实中期采收率低于前期和后期。这种差异归因于鸭梨抗氧化能力的提高，鸭梨的果核和果肉褐变发生率较低。褐变的发生是由于多酚氧化酶将酚类化合物氧化成 O-醌，这些物质具有很强的反应性，形成棕色聚合物。果肉的 PPO 活性变化趋势与果肉的变化趋势一致，而果肉组织的活性变化与褐变指数变化趋势相似。收获成熟度也影响 PPO 活性，收获时褐变较低与 PPO 活性较低及活性高峰延迟和果肉褐变减少有关。因此，及时采收和缓慢降温可以有效抑制梨果实代谢，减少果肉褐变，保持梨贮藏品质。

鸭梨核、果皮和果肉组织的生理特性以及酚类物质的分布和 PPO 活性存在差异。此外，梨核的多酚氧化酶活性在贮藏期间最高，而且有所增加。

为探讨鸭梨褐变的机理，研究了多酚氧化酶（PPO）活性、同工酶和基因表达与梨褐变的关系。不同梨种的 PPO 同工酶谱带和相对分子质量并不相同。鸭梨有四条同工酶带，RF 值分别为 0.32、0.36、0.51 和 0.55。在鸭梨肉和果核组织中检测到 5 种 PPO 同工酶，缓慢降温和快速降温对 PPO 同工酶带数和 a 核酶活性有很大影响。

PPO 同工酶的总体变化趋势与 PPO 活性相似。但在不同的处理和收获期，部分地区的一些同工酶的变化趋势是不同的。可能的解释如下：首先，低相对分子质量同工酶是高相对分子质量同工酶的亚基。随着果实成熟，各时期低相对分子质量同工酶逐渐聚集成高相对分子质量同工酶。其次，低相对分子质量同工酶与高相对分子质量同工酶完全不同。随着果实衰老，低相对分子质量同工酶逐渐分解。再次，低相对分子质量同工酶处于非活性状态。结果表明，PPO 在发育过程中转变为酶原形式。到目前为止，酶原是否以及如何影响 PPO 活性也不清楚，需要进一步的探索。

综上所述，鸭梨果实早、中、晚采收后，其果核 PPO 基因的表达趋势与 PPO 活性的变化趋势一致。PPO 基因转录在梨果心的积累早于缓慢降温梨的果核组织。快速降温梨中 PPO 含量在同一时期高于缓慢降温梨。这些结果表明，快速降温会导致冷害，增强 PPO 基因的表达。

## 8.2 自发气调贮藏对鸭梨黑心病发生的影响①

贮藏环境中气体条件对果实品质影响很大，通常认为高 $CO_2$ 浓度及低 $O_2$ 浓度会抑制果实呼吸作用而延缓衰老，但浓度超出果实正常承受范围时则发生伤害。王纯指出 $CO_2$ 伤害可导致鸭梨黑心病发生（王纯，1981）。鞠志国报道对莱阳梨气调贮藏，在 $O_2$ 浓度相同的条件下，$CO_2$ 浓度越高，果实组织褐变发生得越早，褐变程度也越重（鞠志国，1988）。陈昆松等对鸭梨、雪花梨、京白梨进行短期高 $CO_2$ 处理，认为鸭梨最敏感，当 $CO_2$ 浓度为 5%时，伤害现象开始出现，随着 $CO_2$ 浓度的增加，伤害程度显著增加；同时研究发现，鸭

---

① 本部分内容为作者实验结果，部分发表于食品工业科技。李健，赵丽丽，刘野，等. 自发气调对鸭梨果实生理生化品质的影响［J］. 食品工业科技，2013，34（15）：320—323.

梨和雪花梨最初的伤害表现部位明显不同，前者先出现于果心，后者先发生在果肉。于 5%～7%$O_2$和 0.6%～3.0%$CO_2$环境中贮藏 50 天，鸭梨果心组织出现不同程度的褐变，当 $O_2$浓度一定，增加 $CO_2$浓度，伤害褐变变严重（陈昆松，1989；陈昆松，1991）。后续的研究表明，采用 5%～10%$CO_2$处理果实两周，即可观察到鸭梨果心组织发生严重的褐变（陈昆松，1992）。这种低 $O_2$ 和高 $CO_2$ 伤害在别的梨品种上表现也很明显，Blanpied 研究认为，当 $CO_2$达到 1%以上时，即可引起 Anjou、Bartlett 和 Bose 梨果实的褐变（Blanpied，1975）。王颉等报道，果心褐变是由于不适宜的低 $O_2$ 和高 $CO_2$ 造成的（王颉，1997）。在 $O_2$浓度不低于 16%的情况下，鸭梨果实可以长期耐受 3%左右的 $CO_2$而不至造成果心褐变。当 $CO_2$浓度高于 7%时，果心褐变程度显著增加。

关于低 $O_2$高 $CO_2$伤害机理，目前已有相关研究，Thomas 最先提出了乙醛毒害学说：乙醛和乙醇均可导致苹果的组织褐变，高浓度的 $CO_2$都能导致乙醛和乙醇的积累，造成组织伤害。根据 Hulme 的观察，正常的果实中琥珀酸只有少量存在，而受 $CO_2$伤害的组织中积累了大量的琥珀酸。琥珀酸大量积累的原因可能是 $CO_2$抑制了琥珀酸脱氢酶的活性（鞠志国，1988）。

### 8.2.1　MAP 贮藏对鸭梨果实果心褐变率的影响

鸭梨果实容易发生黑心病。鸭梨果实常温贮藏 4 周后的果实褐变率如图 8－2 所示，MAP 贮藏果实的褐变率显著高于对照果实，比对照组高了 78%，说明鸭梨果实在 MAP 贮藏条件下黑心病发生率有所增加。

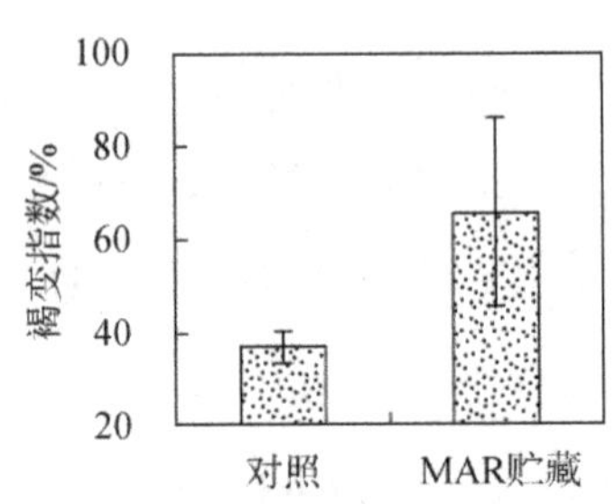


图 8—2　MAP 贮藏对鸭梨果实褐变指数的影响

### 8.2.2　MAP 贮藏对鸭梨果实多酚氧化酶活性和总酚含量的影响

如图 8—3（a）所示，对照果实的多酚氧化酶（PPO）活性在贮藏过程中无明显变化，而 MAP 贮藏果实的 PPO 活性在贮藏 14 天后迅速增加，贮藏至 21 天和 28 天时，MAP 贮藏果实的 PPO 活性分别比对照组高出 16％和 18％。

鸭梨果实贮藏过程中总酚含量的变化情况如图 8—3（b）所示，对照果实的总酚含量在整个贮藏期间变化不大，而 MAP 贮藏果实的总酚含量在贮藏后期迅速下降，贮藏结束时，其含量仅为对照果实的 7％。

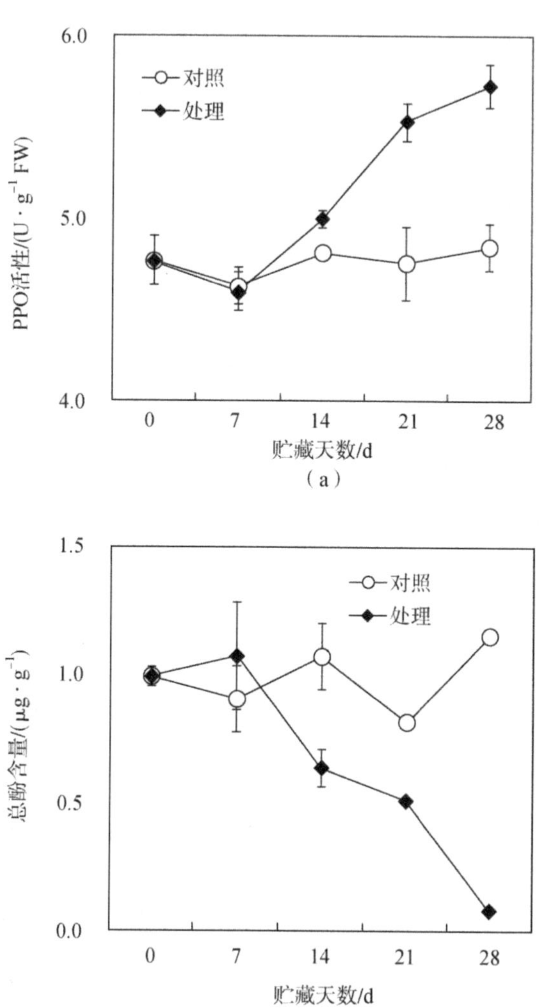


图 8—3　MAP 贮藏对鸭梨果实 PPO 活性和总酚含量的影响

### 8.2.3　MAP 贮藏对鸭梨果实活性氧物质含量的影响

丙二醛（MDA）是膜质过氧化产物，可以反映出细胞的膜质过氧化程度。在贮藏期间，MAP贮藏增加了果实的MDA含量，贮藏第28天，MAP贮藏果实的MDA含量较对照组高出29%。在贮藏后期，MAP贮藏果实的$H_2O_2$含量迅速上升，在贮藏21天和28天时，MAP贮藏果实的$H_2O_2$含量分别比对照组高出262%和71%（图8-4）。

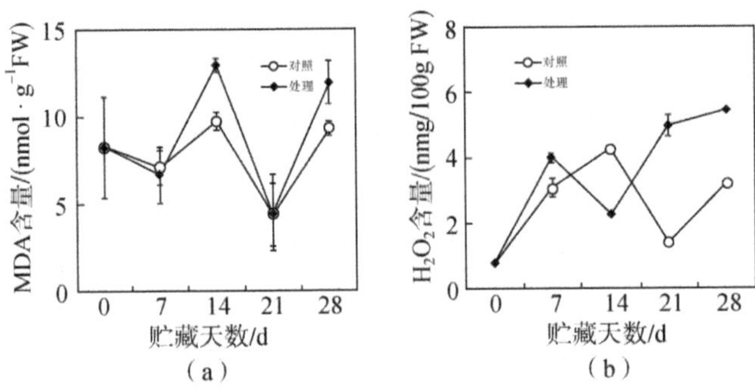


图8—4　MAP贮藏对鸭梨果实活性氧物质含量的影响

### 8.2.4　MAP贮藏对鸭梨果实活性氧代谢相关酶活性的影响

鸭梨果实中CAT活性的变化趋势如图8—5（a）所示，对照果实CAT在贮藏前期迅速上升，在贮藏后期维持在较高水平，MAP贮藏果实的CAT活性在贮藏21天出现高峰，但仍低于对照果实，之后迅速下降，在贮藏结束时，活性仅为对照果实的43%。

如图8—5（b）所示，对照果实的APX活性在贮藏前期略有下降，随后出现活性高峰，而MAP贮藏果实APX活性在贮藏开始时就迅速下降，之后一直保持在较低水平。

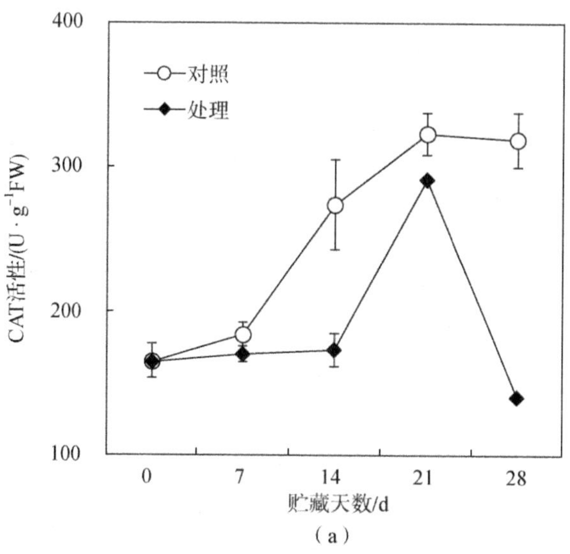

（a）

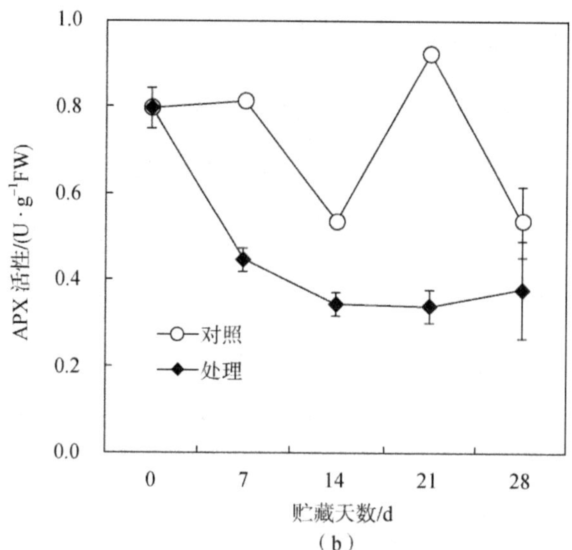

（b）

图 8—5　MAP 贮藏对鸭梨果实 CAT 和 APX 活性的影响

### 8.2.5 MAP贮藏对鸭梨黑心病发生的影响机制

黑心病是鸭梨贮藏过程中常见的生理性病害，主要是与酚类物质在多酚氧化酶（PPO）的作用下形成褐色物质有关（刘铁铮，2006）。本研究发现自发气调（MAP）贮藏果实的PPO活性较对照组高，这可能是引起黑心病发生率增加的原因。

PPO一般情况下与细胞器膜或细胞膜结合，活性较低，同时多酚常存在于液泡中，PPO不能催化多酚氧化；当细胞膜结构被破坏时，PPO被释放出来，活性增强，此时PPO有机会与多酚结合，引起组织发生褐变（Ju Z，2000）。丙二醛（MDA）是膜脂过氧化的产物之一，可以用来表示膜损伤的程度，本研究发现MAP贮藏果实的MDA含量在贮藏后期高于对照果实，说明此时果实细胞膜的完整性已经受到破坏，MAP贮藏果实PPO活性的增加可能也与此有关。

果实组织中的活性氧不但会影响蛋白质的合成，还可以引起膜质过氧化作用（孙蕾，2002），从而引起果实的衰老（闫师杰，2005）。过氧化氢是毒性较强的活性氧之一，在本次实验中，MAP贮藏鸭梨果实中$H_2O_2$含量迅速增加，这可能是导致果实细胞膜损伤的原因。

正常植物组织中有很多活性氧的清除系统，过多的活性氧可以被不同的抗氧化酶或抗氧化物质清除掉（陈昆松，1992）。过氧化氢酶（CAT）和抗坏血酸过氧化物酶（APX）是两种重要的活性氧清除酶，CAT可以将$H_2O_2$催化转化为$H_2O$和氧气，APX可以利用抗坏血酸为电子供体清除$H_2O_2$（周宏伟，1993）。本研究中发现MAP贮藏抑制了果实内的CAT和APX活性，所以可以推测这可能是导致MAP贮藏果实贮藏后期$H_2O_2$迅速积累的原因。

不当的自发气调贮藏可以抑制鸭梨果实内过氧化氢酶和抗坏血酸过氧化物酶的活性，提高过氧化氢的含量，增加果实细胞膜的通透性，同时可以提高果实多酚氧化酶的活性，从而引起果实黑心病发生率的增加。在进行鸭梨自发气调贮藏时，要注意预防果实黑心病的发生。

## 参考文献

[1] Blanpied GD. Pithy brown core occurrence in 'Bosc' pears during controlled atmosphere stogare [J]. J. Amer Sci. Hort. Sci., 1975, 100 (1): 81－84.

[2] Cai C, Xu C J, Shan L L, et al. Low temperature conditioning reduces postharvest chilling injury in loquat fruit [J]. Postharvest Biology & Technology, 2006, 41 (3): 252－259.

[3] Chervin C, SPeirs J, Loveys B, et al. Influence of low oxygen on aroma compounds of whole pears and crushed pear flesh [J]. Postharvest Biology and Technology, 2000 (19): 279－285.

[4] Ju Z, Duan Y. Plant oil emulsion modifies internalatmosphere, delays fruit ripening, and inhibits internal browning in Chinese pears [J]. Postharvest Biol. Technol., 2000 (20): 243－250.

[5] Verlinden B, Jager A, Lammertyn J, et al. Effect of harvest and delaying controlled atmosphere storage conditions on core breakdown incidence in 'Conference' pear [J]. Biosystems Engineering, 2002, 83 (3): 339—347.

[6] Yan S, Li L, He L, et al. Maturity and cooling rate affects browning, polyphenol oxidase activity and gene expression of 'Yali' pears during storage [J]. Postharvest Biology & Technology, 2013 (85): 39—44.

[7] 陈栋. 程序降温对枇杷果实贮藏生理指标的影响初探 [A]. 中国园艺学会枇杷分会、中共石棉县委、石棉县人民政府. 第五届全国枇杷学术研讨会论文（摘要）集 [C]. 中国园艺学会枇杷分会、中共石棉县委、石棉县人民政府，2011：4.

[8] 陈昆松，于梁，周山涛. 鸭梨、雪花梨、京白梨采后主要生理变化及其短期高 $CO_2$ 处理的反应 [C]. 全国食品贮运保鲜学术讨论会论文集. 北京：中国科学技术出版社，1989，335—341.

[9] 陈昆松，于梁，周山涛. 鸭梨果实气调贮藏过程中 $CO_2$ 伤害机理初探 [J]. 中国农业科学，1991，24 (5)：83—88.

[10] 陈昆松，于梁，周山涛. 雪花梨和鸭梨果实贮藏特性的比较 [J]. 植物生理学通讯，1992，28 (6)：428—430.

[11] 韩艳文，廉双秋，韩云云，等. 不同采收成熟度和降温方式对鸭梨 POD 活性及果心褐变的影响 [J]. 食品工业科技，2016，37 (14)：320—323.

[12] 韩云云，宋方圆，韩艳文，等. 不同采收贮藏条件下鸭梨果实 LOX 基因表达及其与果心褐变的关系 [J]. 食品科学，2016，37 (18)：216—222.

[13] 何利华，江英，闫师杰，等. 降温方法对不同采收成熟度鸭梨果心 PPO 活性及褐变影响的研究 [J]. 保鲜与加工，2010，10 (3)：42—45.

［14］江国良，陈栋，谢红江，等. 程序降温对大五星枇杷果实贮藏品质的影响［J］. 西南农业学报，2009，22（3）：750－753.

［15］鞠志国，朱广廉. 水果贮藏期间的组织褐变问题［J］. 植物生理学通讯，1988，(4)：46－48.

［16］梁丽雅，闫师杰，陈计峦，等. 鸭梨采后果实褐变的主要因素研究［J］. 食品与机械，2008，24（3）：48－51.

［17］刘铁铮，王景涛，徐国良，等. 梨果贮藏保鲜研究进展［J］. 江西农业学报，2006（3）：102－103.

［18］孙蕾，王太明，乔勇，等. 果实褐变机理及研究进展［J］. 经济林研究，2002，20（2）：92－94.

［19］孙维芝. 白玉枇杷贮藏保鲜的程序降温技术研究［J］. 江苏农业科学，2010（6）：426－427.

［20］田梅生，盛其潮，李钰. 低温贮藏对鸭梨乙烯释放、膜通透性及多酚氧化酶活性的影响［J］. Journal of Integrative Plant Biology，1987（6）：52－57.

［21］王纯，朱江. 防止鸭梨黑心病［J］. 食品科学，1981，29（6）：39－43.

［22］王颉，吴建巍. 气调贮藏对鸭梨果心褐变的影响［J］. 中国果品研究，1997（2）：7－9.

［23］闫师杰，陈计峦，梁丽雅，等. 降温方法对不同采收成熟度鸭梨某些生理指标的影响［J］. 中国食品学报，2008，8（4）：96－101.

［24］闫师杰. 鸭梨采后果实褐变的影响因素及发生机理的研究［D］. 北京：中国农业大学，2005.

［25］闫师杰，王继栋，王如福，等. 降温方法对鸭梨采后种子转色及膜透性的影响［J］. 山西农业大学学报（自然科学版），2010，30（4）：300－304.

[26] 应本友，姜健美，应铁进. 程序降温处理减缓枇杷果实冷害的效果[J]. 中国食品学报，2007（4）：91—94.

[27] 张爱琳，胡小松，李晓丹，等. 降温方法对鸭梨采后果肉与果心抗冷性的影响[J]. 食品与机械，2011，27（2）：114—118.

[28] 周宏伟，束怀瑞，吴耕西. 高 $CO_2$ 和低 $O_2$ 对鸭梨褐变的诱导[J]. 山东农业大学学报，1993，24（4）：400—404.

[29] 朱麟，李江阔，张静，等. 1-MCP处理对不同采收期鸭梨货架期保鲜效果的影响[J]. 北方园艺，2009（5）：222—224.